妈妈最想织的棒针童装

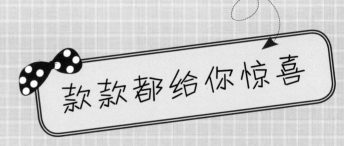

 款款都给你惊喜

张翠 主编

辽宁科学技术出版社
·沈阳·

主 编：张 翠

编组成员：刘晓瑞 田伶俐 张燕华 傲雪红梅 香水百合 暖绒香手工坊 蓝调清风 暗香盈袖 果果妈妈 色彩传说旗舰店
蓝溪 小草 小乔 李俊 孙强 任俊 布汐 姗姗 沉默 迷离 翔妈 颖妈 蒙昧 杜曼
无想 琳玲 莹宽 昊昊 胡芸 落叶 舒荣 陈燕 邓瑞 飞蛾 逸瑶 梦京 李俐 若安
燕子 简单 晚秋 惜缘 爽爽 张霞 张翠 小翼 果妈 薇薇 小汐 天舜 小瑜 爱海
宝妈 贝妮 冰蓝 成妈 点爱 发现 青青草 采桑子 轩轩妈 情缘叶 希希妈 白蝉花 吴晓丽 郭建华
乐玲丽 夜猫子 小笨笨 猪猪妈 忘忧草 小魔仙 陈可可 荆棘林 柯柯玛 老红军 梦睡了 雪百合 蓝精灵 棉花糖
平常心 青苹果 如果爱 山羊绒 钩针皇 小肥羊 小辣椒 紫贝壳 美洋洋 自飞花 灰姑娘 红太狼 清雁妈 麗海棠
cjz-yly wyxcat liwenhui 朗琴 田蜜 娜佳 夏天 漪漪 惜缘乐 透 驼铃 ioudan101 五溪
风之花 蓝云海 泅果是 欢乐梅 一片云 花狍子 张京运 莺飞草 陈梓敏 水中花 陈小春 陈红艳 冰珊瑚 刘金萍
杨素娟 袁相荣 徐君君 黄燕莉 卢学英 赵悦霞 周艳凯 雅虎编织 南宫lisa 紫色白狐 宝贝飞翔 KFC猫 雪山飞狐
李东方 指花开 林宝贝 清爽指 大眼睛 江城子 忘忧草 色女人 谭延莉 爱心坊手工编织 夕阳西下

图书在版编目（CIP）数据

妈妈最想织的棒针童装/张翠主编. —沈阳：辽宁科学
技术出版社，2013.3
ISBN 978－7－5381－7859－3

Ⅰ.①妈… Ⅱ.①张… Ⅲ.①童服— 毛衣 — 手工编织 —
图集 Ⅳ.①TS941.763.1—64

中国版本图书馆CIP数据核字（2013）第013688号

出版发行：辽宁科学技术出版社
　　　　　（地址：沈阳市和平区十一纬路29号 邮编：110003）
印 刷 者：中华商务联合印刷（广东）有限公司
经 销 者：各地新华书店
幅面尺寸：210mm×285mm
印　　张：12.5
字　　数：200千字
印　　数：1~10000
出版时间：2013年3月第1版
印刷时间：2013年3月第1次印刷
责任编辑：赵敏超
封面设计：幸琦琪
版式设计：幸琦琪
责任校对：徐　跃

书　　号：ISBN 978－7－5381－7859－3
定　　价：39.80元

联系电话：024－23284367
邮购热线：024－23284502
E-mail：473074036@qq.com
http://www.lnkj.com.cn

敬告读者：
本书采用兆信电码电话防伪系统，书后贴有防伪标签，全国统一防伪查询电
话16840315或8008907799（辽宁省内）

Part1 小公主 & 小王子背心

Part2 小公主 & 小王子外套

Part3 小公主套装

Part4 小王子打底衫

Weave
01

Weave
02

Weave
03

Weave
04

Weave
06

Weave
07

Weave
08

Weave
09

Weave
10

Weave
11

Weave
13

Weave
14

Weave
16

Weave
17

Weave
18

Weave
19

Weave
20

Weave
22

红色波点连帽背心

Weave
01

这是妈妈给宝宝从头到脚的呵护，红色如妈妈的爱真挚温暖，星星点点衬托出公主般的可爱。

编织方法
P97

Weave
02
蓝色扭花纹背心

粉蓝色的扭花纹连帽小外套，
时尚又充满活力。

编织方法
P98

V领无袖男生背心

　　V 领能更好地体现脖子的修长，无袖的设计可以更好地搭配衣服。在里面穿一件白色的衬衣，让黑白更加分明，显得青春阳光、帅气十足。

编织方法
P99-100

休闲运动背心

帽子上的白色条纹与衣身的横织条纹首尾呼应，让衣服显得更加调皮好看。

编织方法
P101

Weave
05

橙色荷叶小背心

荷叶式的领子增添了些许可爱的氛围，宝宝穿上它，会更加招人喜欢啦。

编织方法
P102

大翻领无袖开衫

半交叉形花纹让衣服更加层次鲜明，大大的翻领设计让童装也增添了衣服时尚的气息。

编织方法
P103

Weave 07

简单大袖口背心

柔软的线材选择，让宝宝穿起来更加舒适安逸。秋冬季节，在里面搭配一件浅色系的塑身打底衣也是很不错的选择。

编织方法
P104

编织方法
P105

Weave 08

经典扭花纹背心

对童年时代的回忆就是回归简单，灰色和白色的简单搭配就是对简单最好的阐释。

优雅公主背心

蓝色的海军风带来了一股纯真的学生气息。搭配这样的一件经典的格子长袖衫，更是恰到好处。

编织方法
P106

编织方法
P107

Weave
10

可爱蝴蝶花背心

火红的色彩，让人格外的养
眼，犹如百花齐放、争妍斗艳，带
给人春天般的感觉。

编织方法
P108

Weave
11

帅气V领背心

　　鲜亮的红色搭配暗哑的黑色最能撞出完美的画面，最简单的款式让每一个妈妈都有动手行动的冲动。

个性卡通背心

鲜艳的金黄色更能突出宝宝白里透红的肌肤，可爱的 SNOOPY 图案惟妙惟肖，增添了十足的童趣。

编织方法
P109

编织方法
110

Weave
13

淑女背心

　　粉红的色彩是每一个女孩的
公主梦，这样的一件无袖连帽背心
不仅款式简单大方，更是添加了不
少时尚气息。

Weave
14

连帽可爱无袖装

具有活力的连帽设计和鲜明的颜色，在宝宝出去运动时，可以增添健康活力的气息。

编织方法
P111

编织方法
P112

Weave 15 红色喜庆连帽背心

红红火火的色彩带给人无限的喜悦，简单的无袖款式让宝宝穿起来没有任何的束缚，这样的一件无袖背心妈妈们也可以放手试一下。

 Weave 16 绿色连帽小背心

　　此款小背心最具特点的地方在于帽子上复古木纽扣的搭配与衣身的大纽扣交相辉映，这样的一件小背心能给小朋友带来更多的乐趣。

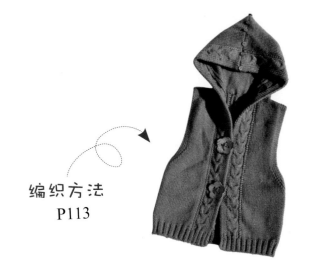

编织方法
P113

气质 V 领小背心

简单的款式，低调的颜色，穿出小男生安静、
沉稳的气质，自有一股儒雅的魅力存在。

编织方法
P114

Weave 18

亮丽黄色小背心

亮丽的色彩和可爱俏皮的款式,让宝宝穿着更舒适、更漂亮。

编织方法
P115

Weave 19

休闲可爱小背心

一簇簇的珍珠花花样凸显着孩子的天真无邪,尽显小女孩快乐的童真本色。

编织方法
P116

Weave 20

圆领韩版娃娃装

胸前和背后的褶皱，吸收借鉴了当今的流行元素，让衣服更加有活力，显得更具有时尚感。

编织方法
P117-118

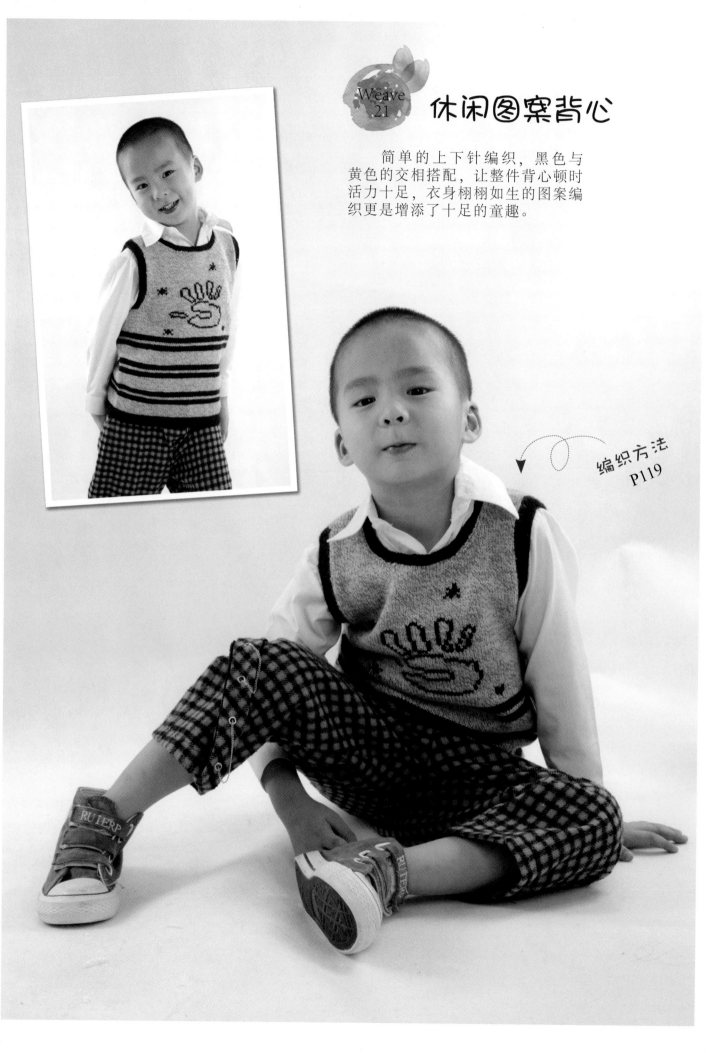

休闲图案背心

简单的上下针编织，黑色与黄色的交相搭配，让整件背心顿时活力十足，衣身栩栩如生的图案编织更是增添了十足的童趣。

编织方法
P119

编织方法
120

在变化中缔造时尚的个性，
有板有型的原则，严谨、简洁的风
格，深受儿童的青睐。

Part2
小公主＆小王子外套

Weave
23

Weave
26

Weave
27

Weave
30

Weave
31

Weave
32

Weave
33

Weave
35

Weave
37

Weave
38

Weave
39

Weave
41

Weave
43

Weave
44

Weave
45

Weave
46

Weave
47

Weave
48

Weave
49

Weave
51

Weave
52

Weave
54

Weave
59

Weave
60

Part2
小公主 & 小王子外套

 Weave 23

大气蓝色韩版外套

明亮的蓝色,给人一种沁人心脾的
感受,简单的上下针和扭花纹的搭配让
整件衣服错落有致,这样的一件小外套
宝宝穿起来也信心十足。

编织方法
P121

Weave
24

红色休闲外套

谁说男生不穿红色，这样的
一件玫红色小外套也能衬出男生白
净的皮肤，显得稚气十足。

编织方法
P122

高领插肩袖毛衣

高领的毛衣设计更能在寒冷的冬天保护宝宝稚嫩的脖子，这样的一件毛衣不仅可以当作打底毛衣，也可以外穿哦。

编织方法
P123

帅气菱形纹外套

想要宝宝与众不同，想要宝宝最有个性，那就赶快行动起来吧，让宝宝着实地与众不同起来。

编织方法
P124

条纹开襟长袖外套

条纹服装一直是不落伍的样式，搭配休闲
风格的牛仔裤，显得阳光、帅气。

编织方法
P125

Weave
28

厚实连帽外套

密实的花样编织使得整件外套厚实感十足，这样的一件外套很适合宝宝在冬天穿着。

编织方法
P126

Weave
29

扭花纹对襟外套

厚厚的毛衣，营造出寒冷的错觉，让人想起了春天里开满鲜花的花园。袖口处特意安装的一个纽扣，让衣服增添了不少时尚感。

编织方法
P127

红艳艳小球外套

红艳艳的颜色给人以热情的感觉，宝宝穿上它显得朝气蓬勃。衣服上的小球增加了衣服的质感，与同色的小扣子形成对应。

编织方法
P128

编织方法
P129

Weave
31

粉粉树叶纹连帽衣

粉嫩的颜色，柔软的质感，让人一看就爱不释手。毛茸茸的感觉，舒服的色彩，大大地提升了小女孩的气质，显得温柔、恬静、大方、可爱。

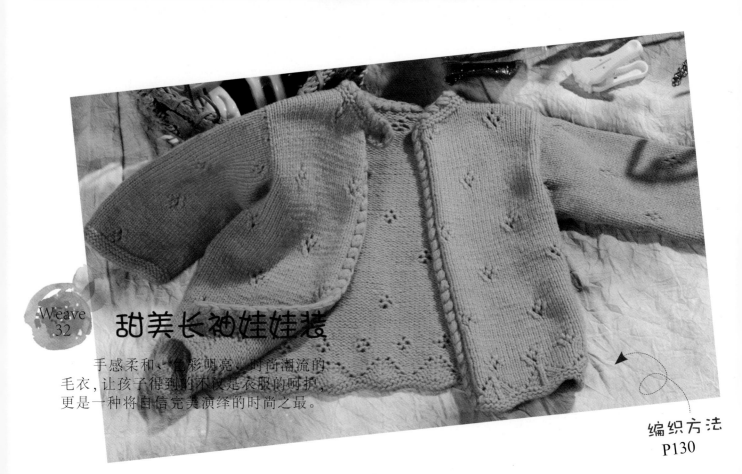

Weave
32

甜美长袖娃娃装

手感柔和、色彩明亮、时尚潮流的毛衣，让孩子得到的不仅是衣服的呵护，更是一种将自信完美演绎的时尚之最。

编织方法
P130

Weave
33

浅色毛茸茸拉链外套

毛茸茸的毛线编织，使得整件外套质感十足，宝宝穿起来也会异常的舒适、安逸。

编织方法
P131

编织方法
P132

Weave
34

蓝色个性短装外套

　　明亮的蓝色给人一种清新的视觉感受，不规则的款式设计更是别具匠心，这样的一款外套潮流气息十足。

编织方法
P133

Weave
35

撞色连帽开衫

黄色、红色与黑色的搭配形成了
鲜明的色彩反差，恰恰这鲜明的撞色
搭配适应了流行的色彩。

编织方法
P134

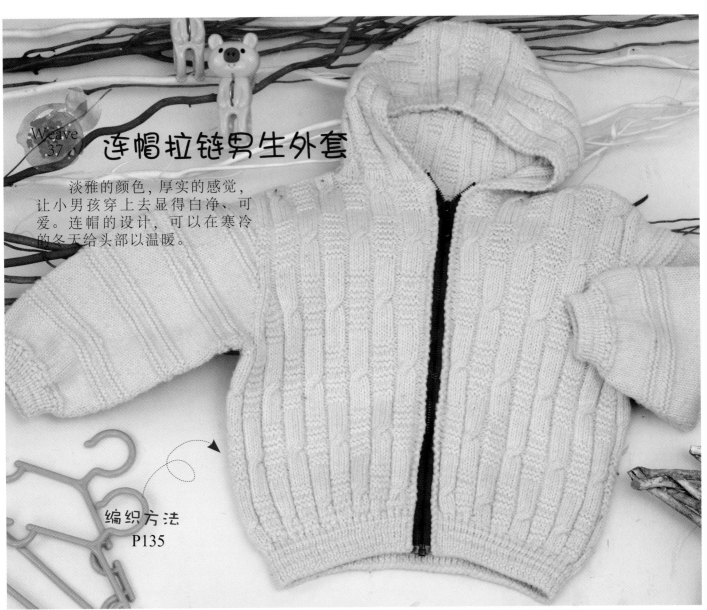

Weave 37 连帽拉链男生外套

淡雅的颜色，厚实的感觉，让小男孩穿上去显得白净、可爱。连帽的设计，可以在寒冷的冬天给头部以温暖。

编织方法
P135

Weave 38 舒适灰色外套

灰色的大外套很厚、很暖和，能给人一种温柔、可爱、舒适、随意的感觉。

编织方法
P136

灯笼袖可爱毛衣

袖子设计成灯笼袖，很符合小孩的喜好，既好看，又方便。袖子上的珍珠花花样也起到了很好的点缀作用。

编织方法
P137

编织方法
P138

Weave
40

绿色拉链长袖衫

衣服被花样分割成几个小块，层次分明，个性突出。扭花的收缩效果，给人精致又很精神的感觉。

斑马连体装

想要让宝宝与众不同吗？看看这款连体装，斑马的花纹是不是很可爱呢？穿上它，宝宝就像一匹调皮的小斑马。

编织方法
P139

Weave
42

帅气背心连

简单的编织花样和简单的
连体款式很适合男孩的穿着，
这样的一款连体裤是不是能让
宝宝显得十分的帅气呢？

编织方法
P140

编织方法
P141

Weave
43

双排扣淑女装

时尚的韩版款式，小翻领和双排扣显得大气明朗，带来小公主的秀美和可爱感。配上碎花短裙更显恬静优雅的可爱。

运动型男孩装

简洁修身的运动款式，穿出休闲味十足的轻松和随意，绿色和白色在灰色中勾勒出线条，更显青春活力。

编织方法
P142

阳光男孩装

灰色的毛衣配上红色的线条，带来温暖明媚的阳光气息，拉链带帽的款式，穿出宝贝运动的活力。配上一顶个性小帽，更显宝贝阳光帅气。

编织方法
P143

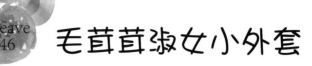

毛茸茸淑女小外套

大大的翻领，显得很大气，同时也提高了衣服的时尚度。毛茸茸的感觉，让宝宝在整个冬天都不再寒冷。

编织方法
P144

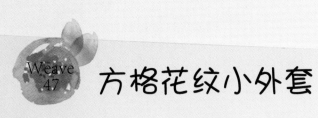

方格花纹小外套

当成人的风衣、丝巾随秋风飞舞时，爱逛街的妈妈们发现，时尚的气息也催出童装毛衣的潮流。

编织方法
P145

编织方法
P146

Weave 48 帅气横纹外套

衣服一边是窄横纹，一边是宽横纹，两边不对称的花样，显得个性而独特。高高的立领款式显得大气时尚。

怀旧偏襟毛衣

红色衣身，配上宽宽的粉色粗毛线衣边，有种妈妈的年代里北方冬天的感觉，偏襟和小立领更加深了这种怀旧的暖暖感觉。

编织方法
P147

Weave 50

美丽公主衣

米色为主体的修身款外套，背后有流畅大气的扭花纹，袖子、前片有精致灵动的树枝纹，再配上暖暖的橙黄色毛边，整件衣服落落大方，高贵优雅。

编织方法
P148

优雅淑女装

淡淡的蓝色连帽外套，落落大方，衣服上精致的花纹，给人时尚大人的感觉，更衬出优雅的淑女味道。

编织方法
P149-150

扭花纹连帽外套

大大的扭花纹增添了衣服的质感，让小孩子穿起来更加帅气。编织帽子的时候要注意，沿着衣领边编织帽子，将帽子从中间对折。

编织方法
P151

帅气拉链长袖毛衣

拉链长袖毛衫，在寒冷的季节为宝宝增加几分温度、几分帅气。此款毛衣为插肩款毛衣，要注意袖窿减针，衣襟侧不加减针。

编织方法
P152

可爱童趣小花外套

用小星星作装饰，增加了衣服奇幻的色彩，让衣服充满童趣。腰带的加入，不但可以很好地点缀衣服的美丽，也让童装有了成熟女装的时尚感。

编织方法
P153

蓬松大翻领毛衣

大大的翻领也让童装有了成熟女性的时尚魅力。衣服宽松的造型让孩子运动自如，给这件衣服增添了几分可爱的气息。

编织方法
P154

淡紫色翻领开衫

淡淡的紫色似乎是每个女孩
的公主梦，翻领的款式设计显得时
尚感十足，衣身编织的小花朵更是
锦上添花。

编织方法
P155

Weave 57　配色男孩毛衣

配色线看起来温暖而大气，胸前的暗色图案则使整个衣服看起来不会呆板。

编织方法
P156

Weave 58　高领配色毛衣

高领插肩设计使衣服穿起来很修身，衣服中上部环绕一圈白色底绿字的图案，则给人一种清新活泼的感觉。

编织方法
P157

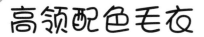

Weave
59
韩版淑女装

罗纹和平针结合，配上白色扣子，简单打造优雅又可爱的韩版淑女风。毛衣配上白色小裙子，更显宝贝清秀乖巧，惹人疼爱。

编织方法
P158

优雅翻领小外套

前后两面花样完全不一样的外套，衣服前片和衣袖是树叶花样，背后则是如同花茎顶着花苞的竖形排列，同样的美丽精致，却带来不一样的效果。

编织方法
P159

褐色带帽开衫

Weave 61

宽条纹的设计使衣服看起来极其富有层次感，而褐色的毛衣则显得稳重自然。

编织方法
P160

简洁高领毛衣

Weave 62

三个三角形的图案交错相连，犹如一个大草莓被放置在一片草地上，造型奇特有趣，胸口的三个扭花纹则使整件衣服看起来不会单调。

编织方法
P161

蓝色大翻领开衫

阳光下，水蓝色的清新映衬着
宝贝最灿烂的笑容，而开口的翻领
设计则显得帅气十足。

编织方法
P162

毛茸茸连唱外套

衣领上一片毛茸茸的绒毛，凸显高贵的气质，宝宝穿上它，就像是高贵的小公主一般。在粉色和白色的衬托下，宝宝的皮肤会变得白皙可人。

编织方法
P163

编织方法
P164

Weave

温暖套头毛衣

厚实的毛线，套头的设计，温暖舒适。圆形的翻领在前面折叠，精巧别致，胸口再搭配一个深色的领结，显得非常有气质。

Weave
66

叶纹拉链装

衣身错落有致的树叶图案清新自然，前胸和领口的图案又有变化，使衣服看起来不会显得呆板，拉链的款式也方便宝贝穿脱。

编织方法
P165

Part3
小公主套装

Weave
67

Weave
68

Weave
69

Weave
70

Weave
71

Weave
72

Weave
73

Weave
75

Weave
76

Weave
77

Weave
78

Weave
79

Weave
82

Weave
83

Weave
84

可爱靓丽毛衣裙

款式独特，设计精湛，颜色靓丽，足够吸引人的眼球，给人活泼、充满活力的感觉。

编织方法
P166

柔美小套裙

嫩嫩的粉色，给人柔和甜美的感觉，粉粉的小套装，穿出温婉可人的小淑女。上衣的线条很流畅，挂脖后的三角形和绒球则增加了动态的美感。

编织方法
P167

Weave 69 时尚女生套裙

　　小马甲配上小裙子，有着成人女装的时尚和干练气质，却又透着童真稚气的可爱。上衣前后花样各有特色，精致而独特。

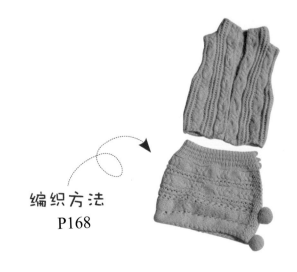

编织方法
P168

Weave
70

可爱休闲公主裙

纯色永远是最好搭
配的颜色之一，灰色的
毛衣，加一条牛仔裙，
可爱又不失休闲的韵
味，看起来是不是很有
明星范呢？

编织方法
P169

甜美公主套装

靓丽的颜色就足够吸引人眼球了，而从上至下的套装，则更引人注目。

编织方法
P170

灰色叠层套装

三个蝴蝶形状的扣子，在一片深灰色中抢眼而出，像是白色的小蝴蝶在翩翩起舞，带来"万绿丛中一点红"的视觉效果。

编织方法
P171

淡雅紫色套裙

Weave 73

浅浅的紫色，清新淡雅，简洁大方的款式，穿出宝贝优雅甜美的气质。裙子的小开衩设计，时尚而又实用，便于宝贝活动自如。

编织方法
P172

横条纹休闲装

驼色加棕色横条纹的毛衣，穿出时尚又个性的休闲风。略显褶皱的小衣摆，则又添柔美味道。休闲的小毛衣，将宝宝的可爱活泼表现得淋漓尽致。

编织方法
P173

浅色层叠公主裙

花纹的细小镂空设计，有很好的透气效果，给爱运动的宝宝，可以及时排热。浅蓝色给人淡雅舒适的感觉，宝宝穿上它，散发甜美的味道。

编织方法
P174

艳丽迷人娃娃裙

娃娃裙的设计突出儿童服饰的童趣及可爱，大量吸收了日韩的童装风格，强调精致与典雅的结合、时尚与休闲的结合。

编织方法
P175

粉嫩可爱公主装

粉嫩的颜色，可爱的造型，让宝宝化身人见人爱的小美女。衣服上的心形口袋给人温馨、有爱心的感觉，增加了衣服的可爱度。

编织方法
P175

编织方法
P177

Weave
78

明艳女孩装

红色美丽明艳，是属于女孩子的颜色，白皙娇嫩的小女孩穿上一身红装，更显光彩照人，明艳喜气。

青青女孩套裙

　　白底绿边的吊带加绿色小裙子，青翠可爱，像夏日里清凉的风，清爽怡人，沁人心脾。裙子上的字母图案给人随意又可爱的感觉，宽宽的蝴蝶结系带则显得轻盈优雅。

编织方法
P178

Weave 80 超个性套裙

背带裙厚实而有质感，裙身的小口袋，三颗大扣子，腰间的珠片，无一不体现着个性和独特的时尚感。

编织方法
P179

编织方法
P180-181

Weave
81 时尚公主套装

米白的色彩看起来清新
自然，简单的花样编织搭配
时尚的短裙和翻领的上衣，使
得整套衣服看起来一气呵成。

Weave
82

淡雅粉色公主裙

粉色的毛衣,让小女孩显得淑女、可爱、文静。毛茸茸的小球给这件衣服平添了许多可爱的气息。

编织方法
P182

编织方法
P183

Weave
83

简朴舒适半袖裙

这是妈妈给宝宝从头到脚的呵护,半袖的设计,长度适中,尤其受到小孩的欢迎。收腰的细节设计,让毛衣也可以穿出窈窕的身材。

可爱拼接小短裙

Weave 84

此款毛衣乍一看，好像是布织的一样，很符合市场上流行的衣服的风格，显得很时尚。毛衣的颜色各自突出，有很好的立体效果。

编织方法
P184

Part4
小王子打底衫

Weave
85

Weave
86

Weave
87

Weave
88

Weave
89

Weave
90

Weave
91

Weave
92

Weave
94

Weave
95

Weave
98

Weave
99

时尚运动装

黑灰两色配的插肩袖毛衣，
带来充满健康活力的运动感，再绣
上运动品牌名，更显时尚休闲。

编织方法
P185

横纹雪花毛衣

　　折领的设计独具匠心，而前胸环绕的花纹犹如片片飞舞的雪花，平面的花样也顿时变得动感起来。

编织方法
P186

Weave
87

帅气高领毛衣

宽松版的长款毛衣，穿出时
尚的运动休闲风，高高的温暖的衣
领，衬得小男孩愈加英气逼人。

编织方法
P187

横纹圆领毛衣

浅蓝色的线条穿行于深蓝色的底色上，带来海军衫的效果，穿出小小女孩的飒爽英姿和潇洒个性。

编织方法
P188

运动男孩套头毛衣

冷色系外套，配上足球的英文单词和足球图案，顿时让运动感十足。

编织方法
P189

Weave
90

活力高领毛衣

黄色是丰收的颜色，充满热
情、喜悦、活力，一如宝贝的茁壮
成长。高领及插肩设计更加显得宝
贝身材修长，活力十足。

编织方法
P190

休闲运动装

简洁的蓝色高领毛衣，看起来清爽运动，胸前大大的英文字母，又增强了几分运动的感觉。

编织方法
P191

明丽高领毛衣

鲜亮的红色，小男孩穿起来也很俊俏，而衣身的花样看似简单，其实颇费心思，独具匠心。

编织方法
P192

紫色扭花纹长袖装

童装的世界，追求的是真实和舒适，这件衣服款式简洁，朴素大方，让人有回归大自然的冲动。

编织方法
P193

Weave 94

温暖大气毛衣

厚实的毛衣，在寒冷的冬天
给宝贝最真实的温暖。而简单经典
的款式，穿上几年也不会落伍。

编织方法
P194

Weave 95

方格高领毛衣

高领毛衣历来是气质的体现，而方格的设计，则显得清新自然，简单大方。

编织方法
P195

圆领扭花纹外套

编织方法
P196

经典的款式，厚厚的宝宝毛衫，让宝宝在这个冬天不再寒冷。此款毛衣可以两用，既可以当外套，穿在外面，也可以当作打底衫。

个性男生上衣

衣服的花纹看似简单，却给人一种流线型的视觉冲击。

编织方法
P197

编织方法
P198

蓝色运动装

蓝色，似这秋高气爽的秋日天空，宁静高远，让人的心灵似乎都被净化了，忘却了许多的俗事烦恼。

编织方法
P199

Weave
99

简约菱形花毛衣

每个菱形格子里放置一个小球，如同一个个花苞，简单的款式中又留下变化。

95

三色拼接毛衣

衣服颜色与图案的搭配给人清新活泼的感觉！色彩靓丽，款式时尚大方，让宝宝穿着更显活力。

编织方法
P200

红色波点连帽背心

【成品规格】 衣长38cm，宽31cm，肩宽26cm

【工 具】 13号棒针，12号棒针，13号环形针

【编织密度】 10cm² =31针×40行

【材 料】 红色棉线200g，白色棉线150g

编织要点：

1.棒针编织法，袖窿以下一片环形编织而成，袖窿起分为前片、后片来编织。织片较大，可采用环形针编织。

2.起织，下针起针法起192针，环织，先织8行花样A，第9行开始编织花样B，每12针一组花样，共16组花样，分配好花样后，重复往上编织至40行，第41行起，改织花样C全下针，织至100行，将织片分片，分成前片和后片分别编织，各取96针编织。

3.分配后身片的针数到棒针上，用13号针编织，起织时两侧需要同时减针织成袖窿，减针方法为：1-4-1，2-1-4，两侧针数各减少8针，余下80针继续编织，两侧不再加减针，织至152行，中间留取56针不织，用防解别针扣住，留待编织帽子，断线。

4.编织前片，起织时两侧需要同时减针织成袖窿，减针方法为：1-4-1，2-1-4，两侧针数各减少8针，余下80针继续编织，两侧不再加减针，织至133行，中间留取10针不织，用防解别针扣住，留待编织帽子，两侧减针编织，方法为：2-2-6，2-1-4，两侧各减16针，共织20行，最后肩部留下12针，收针断线。

5.将前片与后片的两肩部对应缝合。用红色线在白色织片区缝制花点。用红色线沿袖窿边钩一行逆短针。

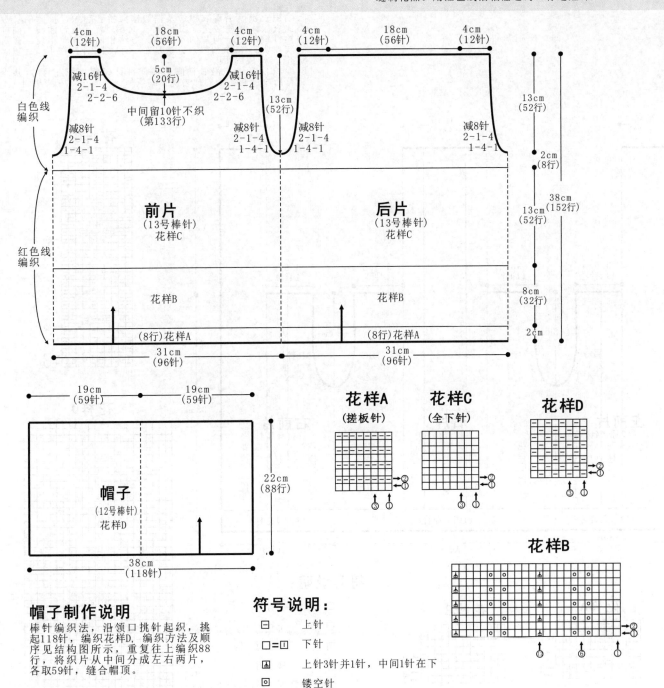

帽子制作说明

棒针编织法，沿领口挑针起织，挑起118针，编织花样D，编织方法及顺序见结构图所示，重复往上编织88行，将织片从中间分成左右两片，各取59针，缝合帽顶。

符号说明：

□ 上针

□=□ 下针

🔺 上针3针并1针，中间1针在下

⊡ 镂空针

2-1-3 行-针-次

蓝色扭花纹背心

【成品规格】 衣长33cm，宽34cm，肩宽33cm

【工　　具】 12号棒针，12号环形针

【编织密度】 10cm²=25.5针×34行

【材　　料】 蓝色棉线300g

编织要点：

1. 棒针编织法，袖窿以下一片环形编织而成，袖窿起分为前片、后片来编织。织片较大，可采用环形针编织。
2. 起织，双罗纹针起针法起167针，先织10行花样A，然后改为花样B、C、D组合编织，组合方法如结构图所示，重复往上编织，织至68行，将织片分片，分为左前片、后片、右前片编织，左右前片各取40针，后片取87针编织。先编织后片，而左右前片的针眼用防解别针扣住，暂时不织。
3. 分配后身一片的针数到棒针上，用12号针编织，起织时两侧需要同时减针织成袖窿，减针方法为：1-4-1，2-1-4，两侧针数各减少8针，余下71针继续编织，两侧不再加减针，织至第112行，织片的左右两侧各收针14针，余下43针留针待织帽子。
4. 编织左前片，起织时右侧需要减针织成袖窿，减针方法为：1-4-1，2-1-4，右侧针数减少8针，余下32针继续编织，两侧不再加减针，织至第112行时，织片右侧收针14针，余下18针留针待织帽子。
5. 相同的方法相反方向编织右前片。完成后将前片与后片的两肩部对应缝合。
6. 编织帽子。沿领口挑针起织，挑起79针，按结构图所示方式组合编织花样，不加减针编织68行后，将织片从中间对称缝合帽顶。
7. 编织衣襟。沿着衣襟边及帽边横向挑针起织，挑起的针数要比衣服本身稍多些，织花样A，共织12行后收针断线，同样去挑针编织另一前片的衣襟边。方法相同，方向相反。在右边衣襟要制作5个扣眼，方法是在一行收起2针，在下一行重起这2针，形成1个眼。
8. 编织袖窿边。沿着袖窿边横向挑针起织，织花样A，共织12行后收针断线，同样去挑针编织另一袖窿边，方法相同。

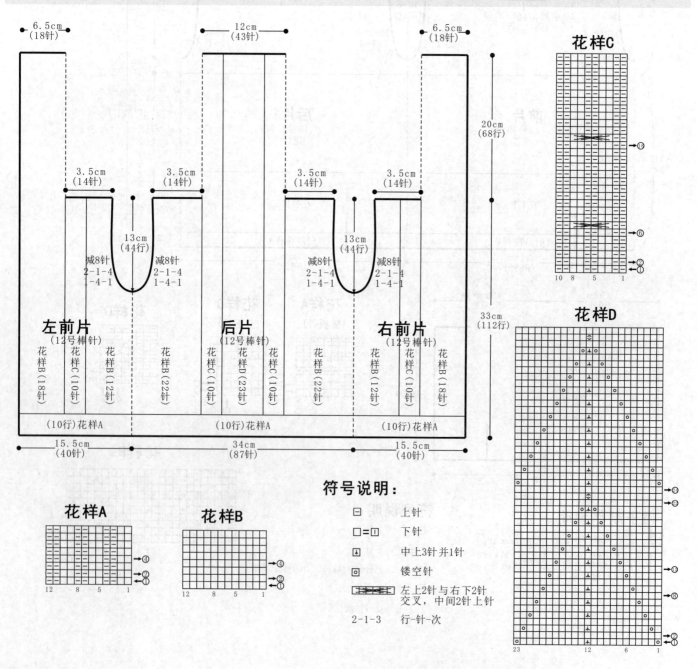

符号说明：

符号	说明
□	上针
□=□	下针
⚡	中上3针并1针
⊙	镂空针
	左上2针与右下2针交叉，中间2针上针
2-1-3	行-针-次

98

V领无袖男生背心

【成品规格】 衣长50cm，胸围74cm，肩宽53cm

【工　　具】 9号棒针

【编织密度】 10cm² ＝27针×33行

【材　　料】 黑色羊毛线400g，红色少许

编织要点：
后身片制作说明：
1.后身片衣摆用黑线起100针10行单罗纹扭针，织4行上针（1行红，1行黑，2行红），分散加针至100针，织扭针花样，织至50行。
2.第51行分散减针至100针，织4行上针(1行红，1行黑，2行红)，接着用黑色线织全下针至89行。织4行上针部分。
3.第94行分散加针至110针，织扭针花样至105行。
4.第106行分散减针至100针，织4行上针部分。
5.第110行开始袖窿减针，减针方法：1-6-1，2-1-7。
6.第175行开始留后领，中间留32针，两边减针1-1-2，肩部余19针。
前身片制作说明：
1.前身片衣摆用黑线起100针10行单罗纹扭针，织4行上针（1行红，1行黑，2行红），分散加针至100针，织扭针花样，织至50行。
2.第51行分散减针至100针，织4行上针(1行红，1行黑，2行红)，接着用黑色线织全下针至89行。织4行上针部分。
3.第94行分散加针至110针，织扭针花样至105行。
4.第106行分散减针至100针，织4行上针部分。
5.第110行开始袖窿减针，减针方法：1-6-1，2-1-7，织至177行，肩部余19针。
6.第124行开始留前领，减针方法：2-1-10，4-1-8。

图1 前身片花样图解

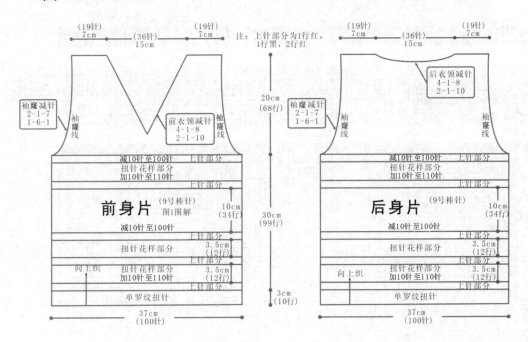

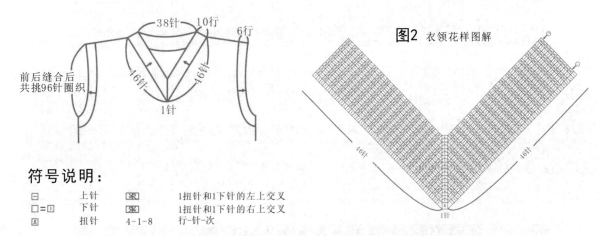

图2 衣领花样图解

符号说明：

□	上针	⊠	1扭针和1下针的左上交叉
□=⊡	下针	⊠	1扭针和1下针的右上交叉
区	扭针	4-1-8	行-针-次

衣领、袖口制作说明

1．衣领：前后身片缝合后，共挑131针，织10行单罗纹扭针，收针断线。详见图3衣领花样图解。
2．袖口：前后身片缝合后，沿袖窿线挑96针，织6行单罗纹扭针，收针断线。

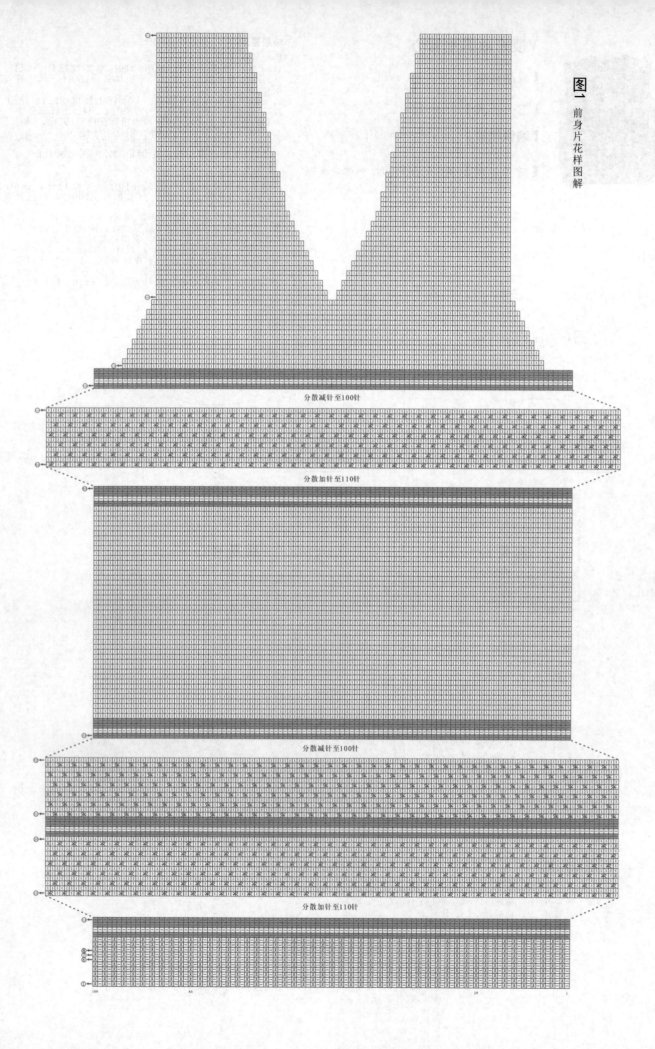

分散减针至100针

分散加针至110针

分散减针至100针

分散加针至110针

休闲运动背心

【成品规格】 身长46cm，衣宽43cm，无袖

【工　　具】 8号环形针

【材　　料】 单股灰黑色兔毛线350g，
白色毛线100g，
金属扣5颗

编织要点：

1.棒针编织法，分为前身片2片、后身片1片、帽子1片编织。

2.先编织后身片，起针72针编织双罗纹针，共织16行，第17行平均加针10针，将针数加至82针继续编织，衣身全织下针，织至10行后，按照图解2所示的位置与针数，用白色毛线编织1个手形图案，织至78行，无加减针，从79行开始，两侧开始减针织袖窿边，减针方法为：1-5-1，2-1-5，将针数减少至62针继续编织下针，织至124行后，从中间取24针不织，向两侧减针织后衣领边，减针方法为：1-3-1，1-2-1，最后余下针数为14针，行数织至128行，直接收针断线。详细编织方法见图2。

3.编织前身片，前身片分为2片编织，以右前身片为例，起36针织双罗纹花样，共织16行，第17行平均加针5针，将针数加至41针继续编织，衣身全织下针，图中含有口袋编织，本款衣服的口袋属隐形口袋，编织方法为先按图1中所示的图解编织至一定高度，即图中的第48行，然后用另一根棒针，于衣身后的衣身与衣摆相连接处，取28针编织下针，两侧往返编织时与衣身连接，无配色，织至48行时，前面口袋边缘收针，收起28针，后面作衣身继续往上编织，织至78行时，侧缝作减针编织，减针方法为：1-5-1，2-1-5，将针数减少10针，即31针继续编织，两侧无加减针编织至128行，然后从袖边算起14针，收起14针，断线，余下的针数作帽子继续编织。同样的方法，但衣身的配色顺序不同，按照图1所示的方法编织左前身片。

4.缝合，将前后身片的侧缝对应缝合，将肩部对应缝合。

5.衣帽的编织，沿着缝合好的衣领边，挑针编织衣帽，共挑76针，花样按照图3的方法编织，共织82行，最后收针断线。再将帽子两侧对应缝合。

6.最后沿着帽檐和衣襟，挑针织8行双罗纹针，收针断线。另右前身片的衣襟要编织5个扣眼，织法为在当行收起数针，在下一行重起这些针数。在扣眼的对侧衣襟，对应缝上5个纽扣。沿着两袖窿边，同样挑针起织8行双罗纹针。

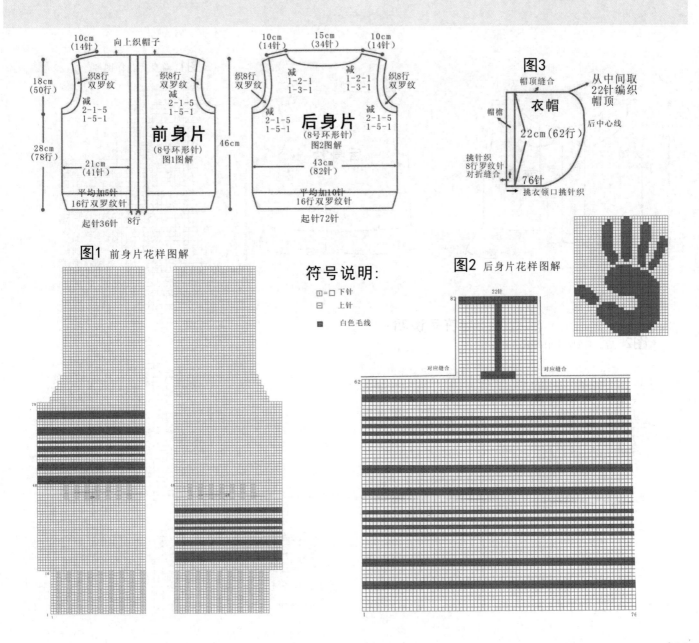

图1 前身片花样图解

符号说明：

□＝□ 下针

□ 上针

■ 白色毛线

图2 后身片花样图解

图3

橙色花卉小背心

【成品规格】身长41cm，肩宽27cm，无袖

【工　　具】8号环形针

【材　　料】单股橘黄色兔毛线350g，大纽扣4颗

编织要点：

1. 棒针编织法，分为前身片2片、后身片1片编织，衣领1片编织。

2. 先编织后身片，起140针起织花样，花样为上下针交错织法，共织16行，从17行开始全织下针，这行将140针起针收缩为70针，织法为：将2针并为1针，余下下针法全织下针，织至68行，然后两侧同时减针织袖窿，减针方法为：1-4-1，2-1-3，织至102行时，从中间取16针不织，向两侧同时减针织后衣领边，减针方法为：1-3-1，1-2-1，2-1-1，将肩部减剩14针，将织片织至98行，最后直接收针断线。

3. 编织前身片，前身片分为2片编织，织法与后身片相同，起66针起织花样，花样与后身片相同，织16行后，作衣襟的一侧，取10针不改变花样，不减针，作侧缝这边，余下的56针，将2针并为1针，将针数减少为28针编织下针，然后与作衣襟的花样一起同时起织，织至68行时，侧缝这边开始减针织袖窿，减针方法为：1-4-1，2-1-3，织至92行时，从衣襟这侧算起，取12针不织，向另一边减针织前衣领边，减针方法为：2-2-1，2-1-4，4-1-1，织至98行时，余下14针，直接收针断线。同样的方法再编织另一前身片，左前身片的衣襟要制作4个扣眼，扣眼的织法为：在当行收起数针，在下一行重起这些针数，两侧2针与织片连接继续编织。详细编织方法见图1。

4. 缝合，将前后身片的肩部与侧缝对应缝合。

5. 衣领的编织，沿着缝合好的衣领边，挑针起织与衣摆相同的花样，挑针方法为：在同一针的地方，1针挑成2针编织，这样才可以形成卷曲的样式，共编织16行，完成后直接收针断线。

6. 后身片叶子的编织，详细图解见图2，编织两张叶子，将它们缝合于后衣摆边上，并用毛线制作两条小辫子装饰。最后在扣眼对应的另一侧衣襟上，缝上4颗纽扣。

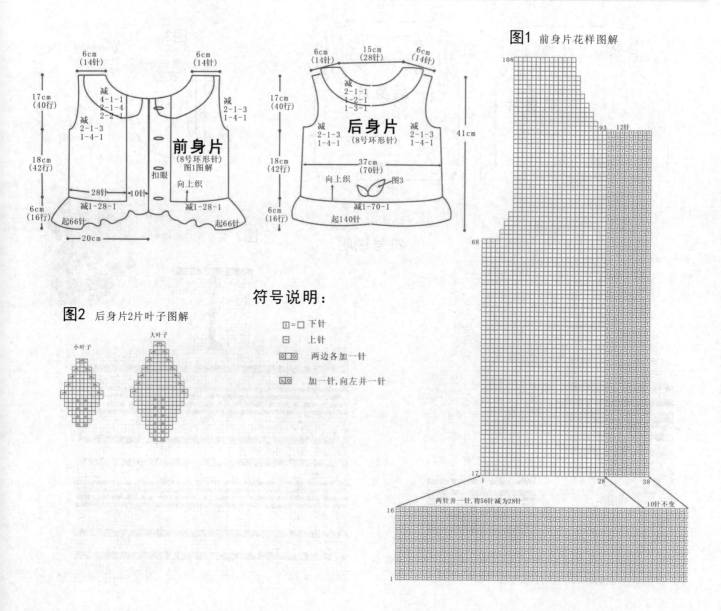

图1 前身片花样图解

图2 后身片2片叶子图解

符号说明：

□ = □ 下针

□ 上针

两边各加一针

加一针，向左并一针

大翻领无袖开衫

【成品规格】 身长37cm，肩宽29cm，无袖

【工　　具】 8号环形针

【材　　料】 单股浅紫色兔毛线300g

编织要点：

1.棒针编织法，分为前身片2片、后身片1片编织。

2.先编织后身片，起74针起织花样，每12针每6行1个花样组，1行6个花样组，共编织4层花样组，总共24行，两侧无加减针，在第25行时，相隔6针的距离，平均减少12针，最后余下62针继续编织，两侧不加减针编织下针，织至50行，从51行开始，两侧同时减针织袖窿，减针方法为：1-2-1，2-1-2，然后无加减针织至74行，在第75行时，中间取20针不织，向两侧同时减针织后衣领边，减针方法为：2-2-1，2-1-1，减至最后余下14针，后身片最终行数为80行，直接收针断线。详细编织方法见图2。

3.编织前身片，前身片分为2片编织，每片起始花样与后身片相同，起38针起织花样，同样为4层花样，织完24行花样，第25行时，平均每6针的距离减少1针，共减少6针，最后余下32针继续编织花样，全织下针，前身片有个衣领的织法变化，衣领是与衣身片连续编织的，将织片织至28行时，从29行开始加针，从衣襟边算起，第1针下针与第2针下针之间，加1针织上针，然后继续编织4行相同的花样，即完成32行，第33行时，第2针下针与第3针下针之前，加1针上针，如此类推，每隔4行就添加1针上针，如图1中箭头所示的位置之间加上针。一侧作衣领花样编织变化，另一侧织至50行时，开始减针织袖窿，减针方法与后身片相同，同样织成80行。织至80行时，从袖侧算起第14针下针收针，余下针数不收针，留作衣领继续编织，同样的方法再编织另一前身片。详细编织方法见图1。

4.缝合，将前后身片的肩部对应缝合，将前后身片的侧缝对应缝合。

5.衣领的编织，前身片留下的未收针，连接挑针起织后衣领，再与另一前身片的衣领连接继续编织，全编织单罗纹针，共编织18行，最后直接收针断线。

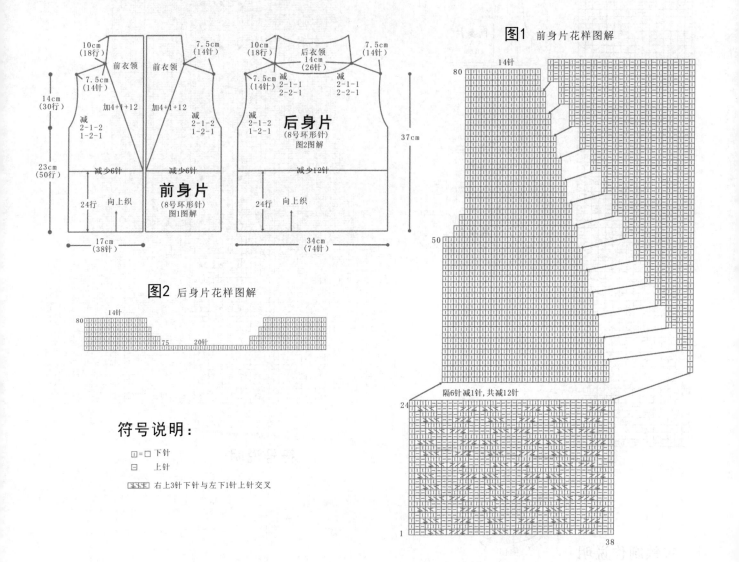

图1 前身片花样图解

图2 后身片花样图解

符号说明：

　□=□ 下针

　□　上针

　▨▨▨ 右上3针下针与左下1针上针交叉

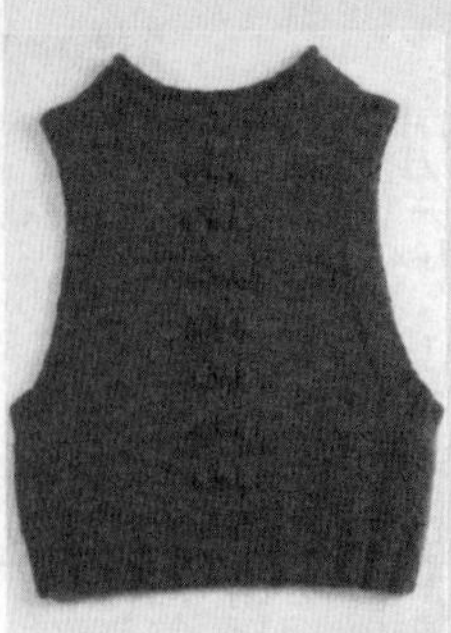

简单大袖口背心

【成品规格】衣长54 cm，胸围76 cm，肩宽28 cm

【工　　具】7号棒针，缝衣针

【编织密度】10cm²=21针×25.5行

【材　　料】棕色兔毛线400g

编织要点：

后身片制作说明：

1.后身片为一片编织，从衣摆起3针上3针下编织，往上编织至肩部。

2.起75针编织后身片，然后从第12行起编织花，共编织16cm后，即30行，从第31行开始袖窿减针，方法顺序为：1-4-1，2- 3-1，2-1-3，4-1-4，后身片的袖窿减少针数为14针，减针后，不加减针往上编织至肩部。

3.从织片的中间留19针不织，分线编织减针留出领口，衣领侧减针方法为：1-2-1，1-1 -3，2-1-1，最后两侧的针数余下5针，收针断线。

前身片制作说明：

1.前身片为一片编织，从衣摆起3针上3针下编织，往上编织至肩部。

2.起75针编织前身片，然后从第12行起编织花，共编织16cm后，即30行，从第31行开始袖窿减针，方法顺序为：1-4-1，2 -3-1，2-1- 3，4-1-4，前身片的袖窿减少针数为14针，减针后，不加减针往上编织至肩部。

3.从织片的中间留19针不织，分线编织减针留出领口，衣领侧减针方法为：1-2-1，1-1-3，2-1-1，最后两侧的针数余下5针，收针断线。

4.完成后，将前身片的侧缝与后身片的侧缝对应缝合，再将两肩部对应缝合。

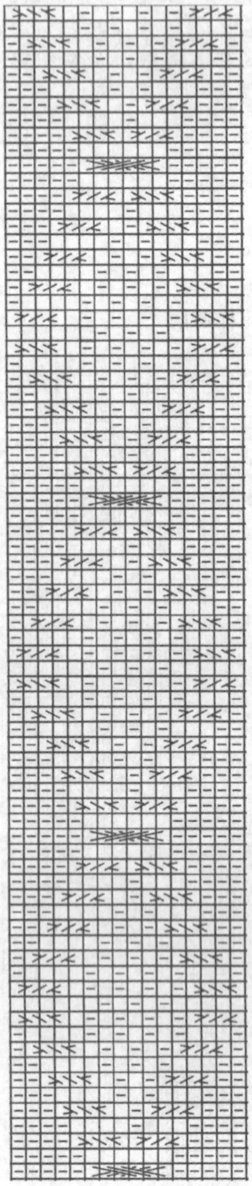

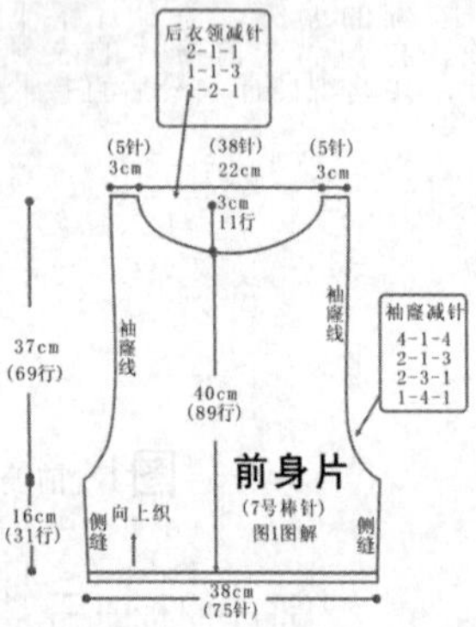
后衣领减针
2-1-1
1-1-3
1-2-1
(5针)
3cm
(38针)
22cm
(5针)
3cm
3cm
11行
37cm
(69行)
袖窿线
40cm
(89行)
袖窿减针
4-1-4
2-1-3
2-3-1
1-4-1
前身片
(7号棒针)
图1图解
16cm
(31行)
向上织
侧缝
38cm
(75针)

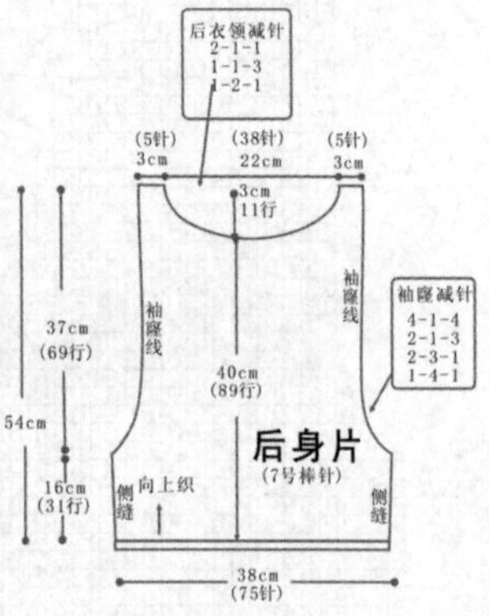
后衣领减针
2-1-1
1-1-3
1-2-1
(5针)
3cm
(38针)
22cm
(5针)
3cm
3cm
11行
37cm
(69行)
54cm
袖窿线
40cm
(89行)
袖窿减针
4-1-4
2-1-3
2-3-1
1-4-1
后身片
(7号棒针)
16cm
(31行)
向上织
侧缝
38cm
(75针)

图1 前身片花样图解

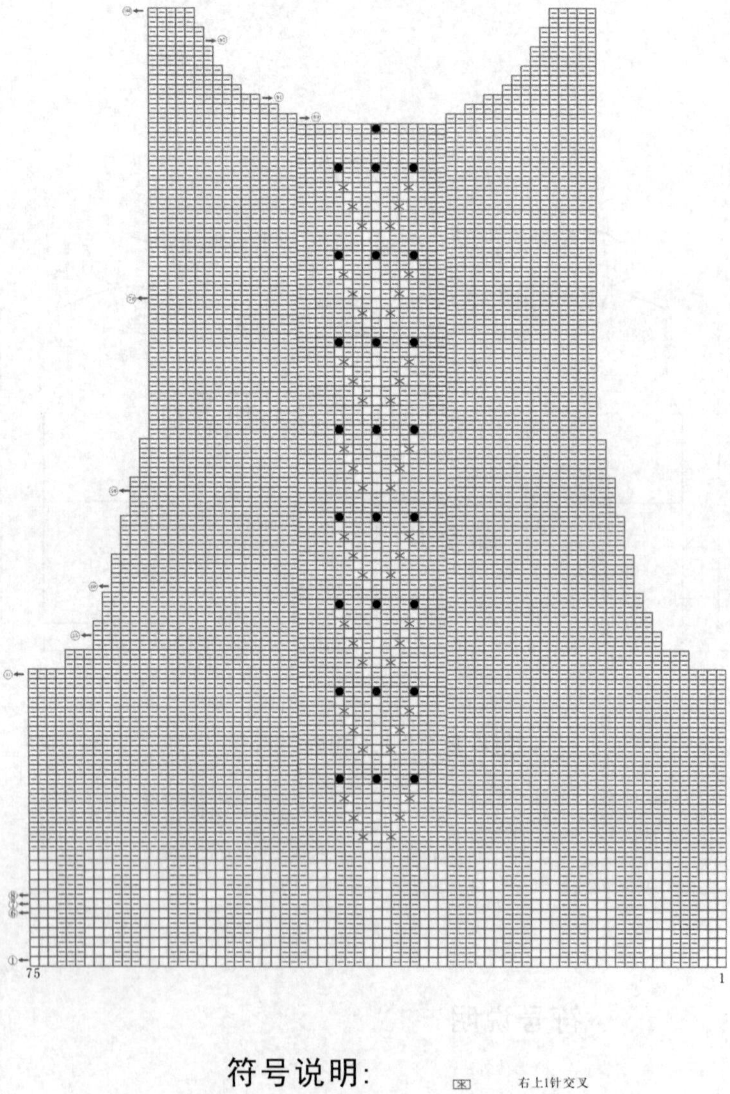
75
1

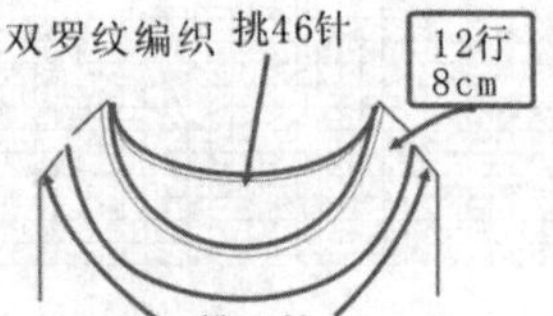
双罗纹编织
挑46针
12行
8cm
挑46针

衣领制作说明

1. 前后身片缝合好后沿着衣领边挑针起织。
2. 挑出的针数，要比衣领沿边的针数稍少些，共编织12行后，收针断线。

符号说明:

小球织法

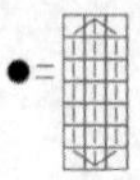

- 上针
- 下针
- 2-1-3 行-针-次
- 右上1针交叉
- 左上1针交叉
- 右上3针与左下1针交叉
- 左上3针与右下1针交叉
- 右上3针与左下3针交叉

经典扭花纹背心

【成品规格】 身长42cm，肩宽31cm

【工　　具】 10号环形针

【材　　料】 单股黑墨色兔毛线300g，
白色线30g

编织要点：
1.棒针编织法，分为前身片1片、后身片1片编织。
2.先编织后身片，后身片花样简单，织法简单，衣摆为双罗纹花样，并配色，衣身全织下针。起82针织双罗纹花样，共织16行，间中配以白色线，织至17行时，平均隔5针的距离挑1针加针，共加14针，将针数加至96针编织，然后不加减针编织下针，织至92行时，两侧同时减针织袖窿，减针方法为：1-8-1，2-1-9，共减少10针，然后不加减针织至124行，在第125行时，中间取8针不织，向两侧减针织后衣领边，减针方法为：1-4-1，1-3-1，2-2-1，2-1-1，将两侧的针数减至17针，织片成132行。最后直接收针断线。
3.编织前身片，前身片亦为1片编织，衣身花样有棒绞针与元宝针组合，同样起82针织双罗纹花样，再配以白色线搭配，方法与后身片相同，织16行，在第17行同样隔5针的距离加1针，共加14针，将织片加至96针，然后两侧不加减针织至92行，在93行开始两侧同时减针织袖窿。衣身内部，按照图解1所示的针法与针数编织花样，织至90行，从91行的中间开始减针织前衣领边，减针方法为：2-1-6，4-1-7，将两侧针数减至17针，最后继续至132行，直接收针断线。详细编织方法见图1。
4.缝合，将前后身片的肩部对应缝合，将前后身片的侧缝对应缝合。
5.衣领的编织和衣袖口的编织，衣领与袖口的花样是相同的，沿着衣领和袖口，挑针起织双罗纹针，再配以白色搭配，搭配方法见图2，共织8行，最后直接收针断线。

图2 衣领袖口双罗纹配色图解

图1 前身片花样图解

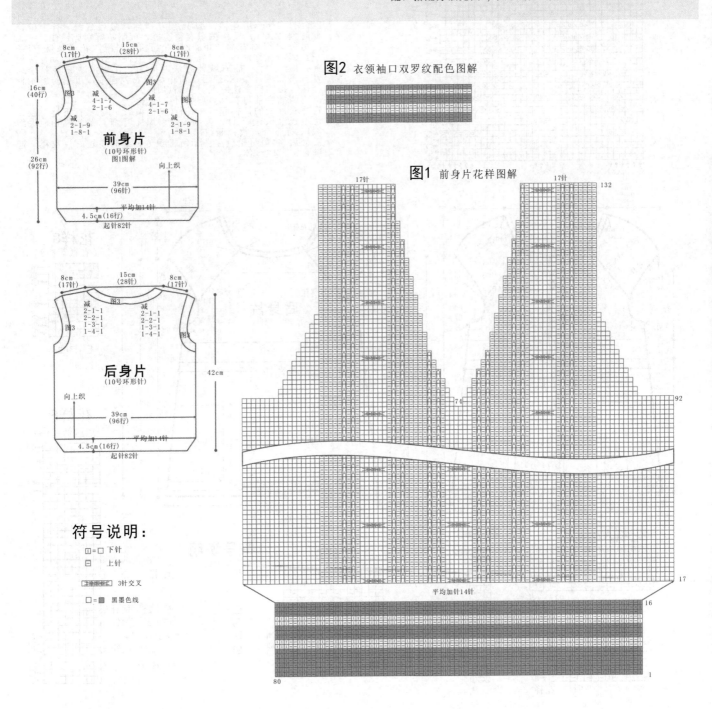

符号说明：

□ = □ 下针

□ 上针

3针交叉

□ = ■ 黑墨色线

前身片
(10号环形针)
图1图解

8cm (17针)　15cm (28针)　8cm (17针)

16cm (40行)

减 4-1-7 2-1-6

减 2-1-9 1-8-1

26cm (92行)

39cm (96针)

4.5cm (16行)

向上织

平均加14针

起针82针

后身片
(10号环形针)

8cm (17针)　15cm (28针)　8cm (17针)

减 2-1-1 2-2-1 1-3-1 1-4-1

图3

42cm

向上织

39cm (96针)

平均加14针

4.5cm (16行)

起针82针

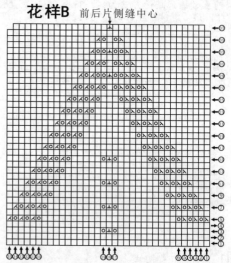

优雅公主背心

【成品规格】 衣长47cm，衣宽36cm

【工　　具】 8号棒针

【编织密度】 10cm² =22针×32行

【材　　料】 蓝色棉线350g，白色毛线少许，纽扣4颗

编织要点：

1.衣身片袖部以下为圈织，袖部以上分为3片编织，从衣摆起织，往上编织至领部，另外起织插肩袖，将插肩袖与前后片斜边缝合。

2.衣身用8号棒针起144针起织，先编织6行下针，使衣边自然卷曲，按花样A(搓板针)编织6行后，往上除图示标识花样外，全部编织下针。如图示所示，前片正中间按花样C镂空花样编织，3针4行一花样，编织4层花样，注意后片中间无此花样；前后片两侧按花样B镂空花样编织，见花样B，35针37行，正中间第18针为侧缝中间，两边各17针，前后片花样对称分布，最后一行两侧各减2针，这时全部针数为142针。编织完花样B，第50行起，往上编织22行，开始分两片编织，前片中间5针为衣襟，衣襟按花样A(搓板针)编织，其余针按花样D花样换色编织(4行一层花样)。从衣襟处分片。从左片开始编织，编完5针衣襟，编织33针，编织后片70针，编织右片32针，最后在前片5针衣襟内侧挑出5针同样编织衣襟花样。往上花样D编织3层花样后，除衣襟外，其余往上编织下针。编织6行后，前后片近侧缝边各5针按花样E编织，编织4行后，开始袖窿减针，这时需分为3片编织，前身片继续分为2片。

3.先编织前身片左片，斜肩(按插肩方法编织)减针方法顺序为：1-5-1，4-1-4，2-1-14，编织35行后，第36行起按花样E编织，2行一层花样，编织5层花样后，最后编织一行上针，此时剩余15针，可作编织衣领连接，可用防解别针锁住。按相同方法编织右片，剩余14针，留作编织衣领连接，可用防解别针锁住。

4.最后编织后身片，斜肩(按插肩方法编织)减针方法顺序为：1-5-1，4-1-4，2-1-14，编织35行后，第36行起按花样E编织，2行一层花样，编织5层花样后，最后编织一行上针，此时剩余24针，留作编织衣领连接，可用防解别针锁住。

5.另外编织插肩袖，用8号棒针起44针起织，花样按花样F编织，插肩花样顺序为：5行下针，1行上针，21行下针，4行搓板针，2行下针，插肩减针方法顺序为3-1-10，减完针剩余24针，不加减针编织3行后，留作编织衣领连接，可用防解别针锁住。按同样方法编织另一插肩袖。

6.将两插肩袖与衣身斜肩处对应缝合。

7.将衣领处的针挑起，按花样G换色编织，编织2行下针，换白色毛线编织2行下针，换回毛线编织4行下针，最后换白色毛线编织2行下针，收针断线。

8.最后将4颗纽扣缝在图示所标识处，缝时将左右片衣襟一起缝合，形成一体。

花样B 前后片侧缝中心

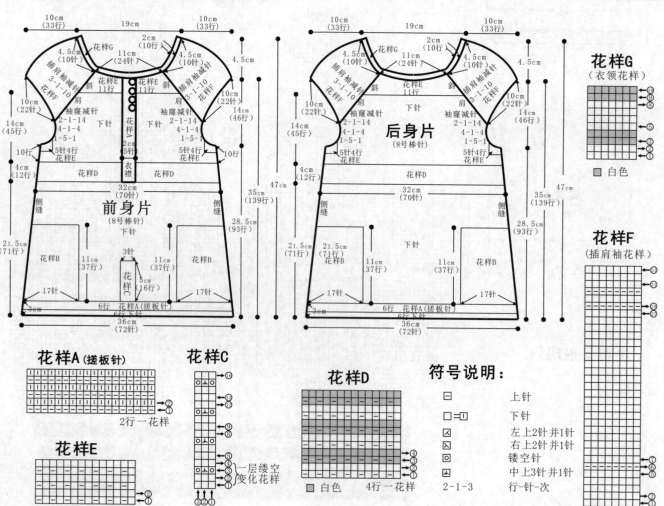

可爱蝴蝶花背心

【成品规格】 衣长50cm，胸围79cm，肩宽29cm

【工　　具】 7号棒针，9号棒针

【编织密度】 10cm² =21针×31行

【材　　料】 玫红色纯羊毛线300g，
白色、秋香绿、黑色线少许

编织要点：

前身片制作说明：
1. 前身片衣摆用9号针起46针织2行下针。
2. 按图1继续编织85行，第88行分散减3针至43针，向上织全下针（前领边5针除外，始终织1行上针1行下针）。
3. 第90行开始前衣领减针，减针位置详见图1，减针方法：2-1-6，4-1-14。
4. 第98行开始袖窿减针，减针方法：1-5-1，2-1-5。
5. 第157行两边肩部各余13针，收针断线。
6. 制作1个直径4cm的小毛球在前门襟作装饰。

后身片制作说明：
1. 后身片衣摆用9号针起86针织2行下针。
2. 按图2继续编织85行，第88行分散减6针至80针。
3. 第98行开始袖窿减针，减针方法为：1-5-1，2-1-5。
4. 第100行开始配色编织，图案详见图2。
5. 织至157行，收针断线。
6. 蝴蝶的触须和翅膀上的圆点为刺绣，方法参照图2。

说明

4针8行1花样。第1行：右上2针并1针，添2针，左上2针并1针；第2-4行，织3行下针；第4行，添1针，左上2针并1针，右上2针并1针，再添1针；第6-8行，再织3行下针。这样图解2针镂空针处形成一个较大的洞眼。

图3 衣袖片花样图解

衣袖制作说明
1. 如图，换同色粗线用7号针挑起32针织单罗纹扭针。
2. 按图3编织6行，第7行将袖窿线余下部分全部挑起共76针，织1行单罗纹，收针断线。

衣袖片（7号棒针）图3图解
24cm（32针）
4cm（6行）
单罗纹扭针　向上织

4cm（6行）单罗纹扭针
16针　16针
22针　22针

图2 后身片花样图解

轮廓绣
豆针绣

□ 白色
■ 秋香绿

图1 前身片花样图解

分散减针至43针

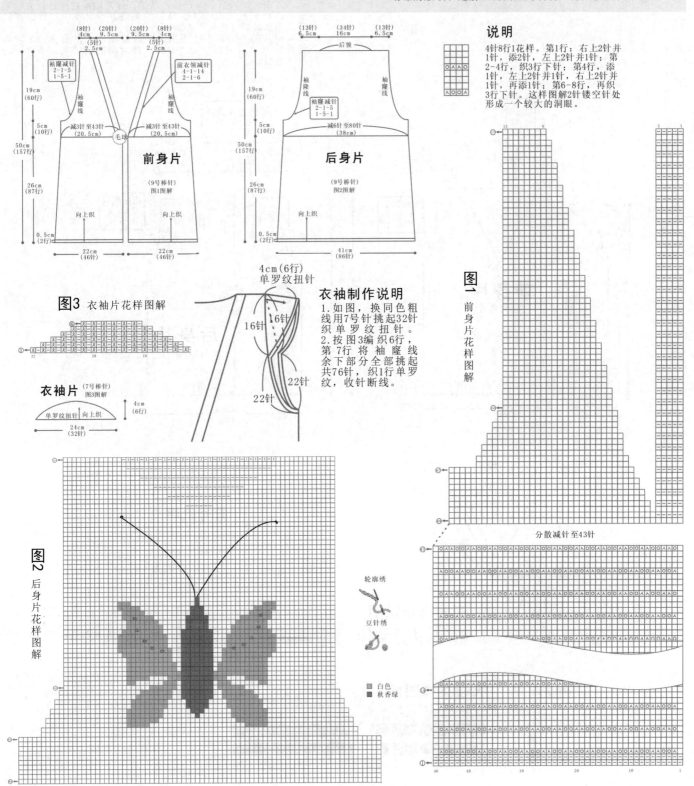

前身片（9号棒针）图1图解

（8针）4cm（20针）9.5cm（5针）2.5cm（20针）9.5cm（8针）4cm

袖窿减针 2-1-5 1-5-1
前衣领减针 4-1-14 2-1-6

19cm（60行）
5cm（10行）
50cm（157行）
26cm（87行）
0.5cm（2行）

袖窿线
减3针至43针（20.5cm）
毛球
向上织
22cm（46针）　22cm（46针）

后身片（9号棒针）图2图解

（13针）6.5cm（34针）16cm（13针）6.5cm

后领
袖窿线　袖窿减针 2-1-5 1-5-1　袖窿线

19cm（60行）
5cm（10行）
50cm（157行）
26cm（87行）
0.5cm（2行）

减6针至80针（38cm）
向上织
41cm（86针）

帅气V领背心

【成品规格】 衣长43cm，胸围35cm，肩宽24cm

【工　　具】 10号棒针，缝衣针

【编织密度】 10cm² =261针×29行

【材　　料】 浅灰色兔毛线300g，配色线少许

编织要点：

前身片制作说明：
1.前身片为一片编织，从衣摆起单罗纹针编织，往上编织至肩部。
2.起78针编织前身片单罗纹针边，然后从第13行起编织花样，共编织25cm后，即75行，从第76行开始袖窿减针，方法顺序为：1-5-1，2-1-7，前身片的袖窿减少针数为12针。减针后，不加减针往上编织至肩部。
3.从织片的中间平收3针，分线编织50行后，减针留出领口，衣领侧减针方法为：1-3-1，1-1-6，2-1-4，4-1-8，最后两侧的针数余下10针，收针断线。
4.完成后，将两前身片的侧缝与后身片的侧缝对应缝合，再将两肩部对应缝合。

后身片制作说明：
1.后身片为一片编织，从衣摆起单罗纹针配色编织，往上编织至肩部。
2.起78针编织后身片单罗纹针边，然后从第13行起全下针编织，共编织25cm后，即75行，从第76行开始袖窿减针，方法顺序为：1-5-1，2-1-7，后身片的袖窿减少针数为12针。减针后，不加减针往上编织至肩部。
3.从织片的中间留34针不织，分线编织减针留出领口，衣领侧减针方法为：2-2-1，2-1-1，最后两侧的针数余下10针，收针断线。

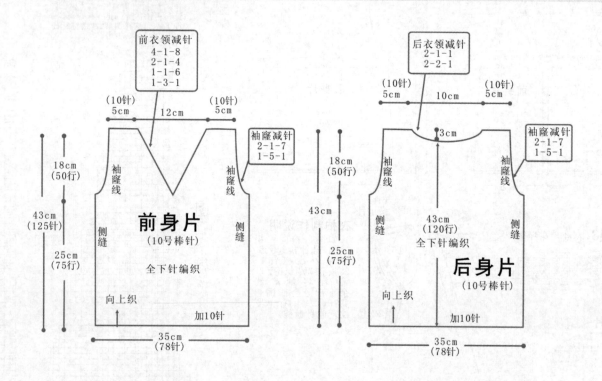

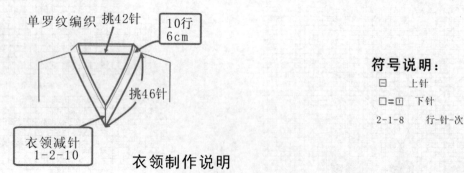

衣领制作说明

1.圈织完成，前后身片缝合好后挑织配色单罗纹针领边。配色的分布详解见图解。
2.挑出的针数，要比衣领沿边的针数稍多些，共编织10行后，收针断线。

符号说明：

□　　上针

□=□　下针

2-1-8　行-针-次

图示：

灰色=
红色=
蓝色=

衣领花样图解

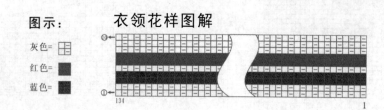

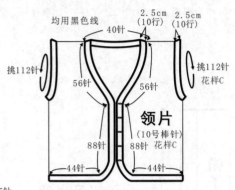

卡通个性背心

【成品规格】 衣长35cm，胸宽32cm，
肩宽26cm，袖长2.5cm

【工　　具】 10号棒针，10号环形针

【编织密度】 10cm²=29针×37行

【材　　料】 黄色羊毛线250g，黑色线50g

编织要点：

1. 棒针编织法，两色搭配编织，衣身用黄色线，衣领和衣襟衣摆边用黑色线，袖口用黑色线。袖窿以下一片编织而成，袖窿以上分成左前片、右前片、后片单独编织。

2. 袖窿以下的编织。用10号环形针编织。
（1）起针，单起针法，起156针，来回编织。
（2）起织，正面全织下针，返回时全织上针，第1行起织，两边各加1针，此后每织1行，两边各加1针，共加11行，两边加成11针。织片的总针数为178针，无加减织往上编织63行的高度，两边开始减针织前衣领边，每织2行减1针减1次，再无加减织2行，织片共织78行，完成袖窿以下的编织。

3. 袖窿以上的编织。用10号棒针编织。
（1）分配针数。左前片和右前片各42针（袖窿以下编织时，前衣领已减掉1针），后片92针。
（2）以左棒针为例。将43针挑到棒针上，右边进行袖窿减针，平收5针后，每织2行减1针，共减10次，右侧减少针数15针。而左侧前衣领，继续进行衣领减针，每织2行减1针，减1次，再无加减织2行，重复这个步骤6次（袖窿以下编织时，已进行了一次减针），最后再织2行减1针后，无加减织针织12行，完成左前片的编织，不收针，用防解别针扣住。同样的方法去编织右前片。

4. 后片的编织。后片的袖窿减针与左前片相同，两边各平收5针，再织2行减1针，共减10次，针数余下62针，无加减再织28行后，在下一行的中间选取32针收针，两边各减针2针，后片织成52行的高度，肩部各下13针，与前片的13针，一针对应一针缝合。

5. 领片和衣襟、衣摆的编织。前衣领两边各挑56针，后片挑40针，两衣襟挑88针，下摆边挑44针，用黑色线，编织花样C双罗纹针，共织10行的高度后，收针断线。

6. 袖口的编织。袖口全用黑色线编织，各挑112针编织，织花样C双罗纹针，共织10行后收针断线。

7. 根据下针绣图方法，将花样A图案绣上右前片，而左前片绣上花样B图案，衣身后片的米老鼠图案，是用亮片粘上制作而成，这种图案有固定的制板，可在手工市场上购到。

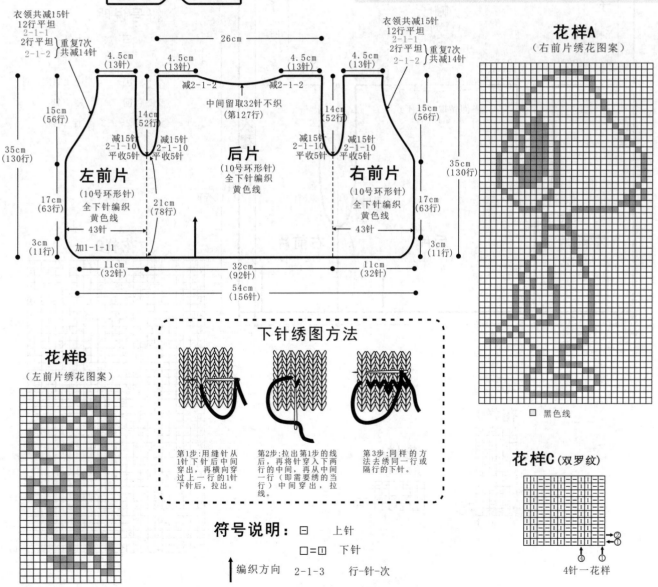

均用黑色线
2.5cm（10行）　2.5cm（10行）
40针
挑112针　挑112针
花样C
56针　56针
领片
（10号棒针）　花样C
88针　88针
44针　44针

衣领共减15针
12行平坦
2-1-1
2行平坦　重复7次
2-1-2　共减14针

26cm
4.5cm（13针）　4.5cm（13针）　4.5cm（13针）　4.5cm（13针）
减2-1-2　减2-1-2
中间留取32针不织（第127行）
15cm（56行）　14cm（52行）　14cm（52行）　15cm（56行）
减15针　减15针　减15针　减15针
2-1-10　2-1-10　2-1-10　2-1-10
平收5针　平收5针　平收5针　平收5针

左前片（10号环形针）全下针编织黄色线
后片（10号环形针）全下针编织黄色线
右前片（10号环形针）全下针编织黄色线

35cm（130行）
17cm（63行）　21cm（78行）　17cm（63行）
43针　43针
3cm（11行）　加1-1-11　3cm（11行）
11cm（32针）　32cm（92针）　11cm（32针）
54cm（156针）

花样A
（右前片绣花图案）

□ 黑色线

花样B
（左前片绣花图案）

下针绣图方法

第1步：用缝针从1下针后中间穿出，再横向穿过上一行的1针下针后，拉出。

第2步：拉出第1步的线后，再将针穿入下两行的中间，再从中间一行（即需要绣的当行）中间穿出，拉线。

第3步：同样的方法去绣同一行或隔行的下针。

花样C（双罗纹）

4针一花样

符号说明： □ 上针
□=□ 下针
↑ 编织方向　2-1-3 行-针-次

淑女背心

【成品规格】 衣长40cm，半胸围36cm，
　　　　　　肩宽30cm

【工　　具】 12号棒针，11号棒针

【编织密度】 10cm² ＝20针×28行

【材　　料】 粉红色棉线350g

编织要点：

1. 棒针编织法，衣服分为左前片、右前片和后片分别编织而成。
2. 起织后片，下针起针法起73针，先织2行花样A，即搓板针，然后改织花样B，每12针为一组花样，起织1针下针，共织6组花样，重复往上编织至42行后，第43行起，两侧开始袖窿减针，方法为：1-2-1，2-1-4，两侧各减6针，余下61针不加减针往上编织，织至108行，第109行中间留取33针不织，用防解别针扣住留待编织帽子，两侧减针编织，方法为2-1-2，两侧各减2针，最后两肩部各余下12针，收针断线。
3. 起织左前片。左前片的左侧为衣襟侧，下针起针法起37针，先织2行花样A，即搓板针，然后改织花样B、C组合编织，花样B每12针为一组花样，先织6针花样C，然后织2.5组花样B，最后织1针下针，重复往上编织至42行后，第43行起，右侧开始袖窿减针，方法为：1-2-1，2-1-4，共减6针，余下31针不加减针往上编织，织至112行，左侧留取19针，用防解别针扣住留待编织帽子，右侧收针12针，断线。
4. 相同方法相反方向编织右前片，完成后将左右前片分别与后片的侧缝缝合，肩缝缝合。
5. 编织帽子。沿领口挑针起织，挑起75针，织片两侧各织6针花样C作为帽襟，中间织63针花样B，织76行后，收针，将帽顶缝合。

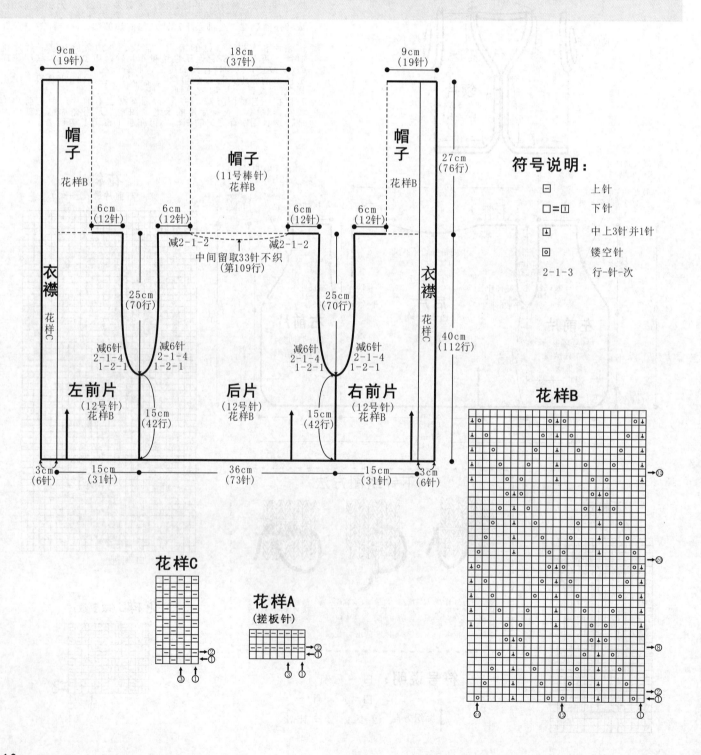

符号说明：

□　上针
□＝□　下针
⚡　中上3针并1针
○　镂空针
2-1-3　行-针-次

花样B

花样C

花样A
（搓板针）

9cm
（19针）
18cm
（37针）
9cm
（19针）

帽子
花样B

帽子
（11号棒针）
花样B

帽子
花样B

27cm
（76行）

6cm
（12针）
6cm
（12针）
6cm
（12针）
6cm
（12针）

减2-1-2
中间留取33针不织
（第109行）

衣襟
花样C

25cm
（70行）

25cm
（70行）

40cm
（112行）

减6针
2-1-4
1-2-1

减6针
2-1-4
1-2-1

减6针
2-1-4
1-2-1

减6针
2-1-4
1-2-1

衣襟
花样C

左前片
（12号针）
花样B

后片
（12号针）
花样B

右前片
（12号针）
花样B

15cm
（42行）

15cm
（42行）

3cm
（6针）
15cm
（31针）
36cm
（73针）
15cm
（31针）
3cm
（6针）

连帽可爱无袖装

【成品规格】 衣长46cm，胸围36cm，肩宽25cm

【工　　具】 7号棒针，缝衣针

【编织密度】 10cm² =21针×25.5行

【材　　料】 蓝色羊毛线400g，黄色毛线30g

编织要点：

前身片制作说明：

1.前身片分为2片编织，左身片和右身片各1片，从衣摆起针编织，往上编织至肩部。

2.起38针配色编织前身片，配色时要注意只有编织菊花时用黄色线，共编织30cm后，即75行，从第76行开始袖窿减针，方法顺序为：1-4-1，2-2-3，2-1-2，前身片的袖窿减少针数为12针。减针后，不加减针往上编织至肩部。详细编织见图1。

3.同样的方法再编织另一前身片，完成后，将两前身片的侧缝与后身片的侧缝对应缝合，肩部对应缝合10针。留出领窝针，连接继续编织帽子，可用防解别针锁住，领窝不加减针。

4.在一侧前身片缝上扣子。不缝扣子的一侧，要制作相应数目的扣眼，扣眼的编织方法为：在当行收起数针，在下一行重起这些针数，这些针两侧正常编织。

后身片制作说明：

1.后身片为一片编织，从衣摆起针编织，往上编织至肩部。

2.起73针配色编织后身片，配色时要注意只有编织菊花时用黄色线，其余编织均用蓝色线。共编织30cm后，即75行，从第76行开始袖窿减针，方法顺序为：1-4-1，2-2-3，2-1-2，后身片的袖窿减少针数为12针。减针后，不加减针往上编织至肩部。

3.完成后，将后身片的侧缝与前身片的侧片对应缝合，肩部对应缝合10针。留出领窝针，连接继续编织帽子，可用防解别针锁住，领窝不加减针。

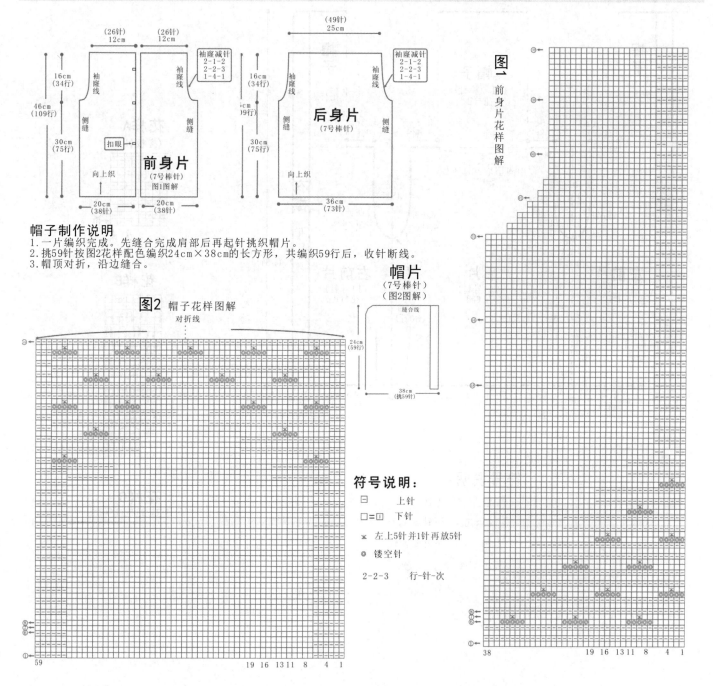

帽子制作说明

1.一片编织完成。先缝合完成肩部后再起针挑织帽片。

2.挑59针按图2花样配色编织24cm×38cm的长方形，共编织59行后，收针断线。

3.帽顶对折，沿边缝合。

图2 帽子花样图解

帽片
（7号棒针）
（图2图解）

符号说明：

□ 上针

□=口 下针

⤬ 左上5针并1针再放5针

⊛ 镂空针

2-2-3 行-针-次

红色喜庆连帽背心

【成品规格】 衣长42cm，半胸围33cm，肩宽28.5cm

【工　　具】 11号棒针，1.75mm钩针

【编织密度】 10cm²=18针×22行

【材　　料】 红色棉线400g，黑色线少量

编织要点：

1.棒针编织法，袖窿以下一片编织完成，袖窿起分为左前片、右前片和后片分别编织而成。

2.起织，下针起针法起126针，先织6针花样A，再织114针花样B，最后编织6针花样A，不加减针重复往上编织至60行后，第61行起，将织片分片，分为右前片、左前片和后片，右前片与左前片与后片分别编织。先编织后片，而右前片与左前片的针眼用防解别针扣住，暂时不织。

3.分配后身片的针数到棒针上，用11号针编织，起织时两侧需要同时减针织成袖窿，减针方法为：1-2-1，2-1-4，两侧针数各减6针，余下48针继续编织，两侧不再加减针，织至第97行时，中间留取26针不织，用防解别针扣住留待编织帽子，两侧减针编织，方法为2-1-1，两侧各减1针，最后两肩部各余下10针，收针断线。

4.左前片与右前片的编织，两者编织方法相同，但方向相反，以右前片为例，右前片的右侧为衣襟边，起织时不加减针，左侧要减针织成袖窿，减针方法为：1-2-1，2-1-4，针数减少6针，然后不加减针继续编织至98行，将左侧肩部10针收针，右侧17针用防解别针扣住留待编织帽子。

5.前片与后片的两肩部对应缝合。

6.编织帽子。沿领口挑针起织，挑起62针，织片两侧各织6针花样A，中间织50针花样B，织52行后，收针，将帽顶缝合。

7.沿衣襟、帽侧及衣摆、袖窿分别钩织一圈花样C逆短针。用黑色线钩织。

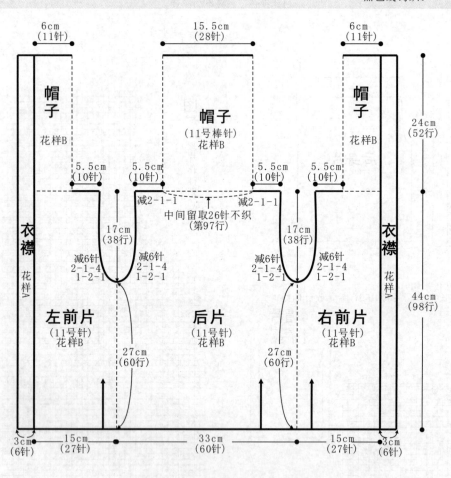

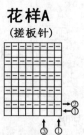

花样A
（搓板针）

花样B

花样C

符号说明：

□　　　上针

□=□　　下针

□　　　下针延伸针

2-1-3　　行-针-次

＋　　　短针

绿色连帽小背心

【成品规格】衣长37cm，宽28cm，肩宽24cm

【工　　具】12号棒针，12号环形针

【编织密度】10cm²＝30针×40行

【材　　料】绿色棉线400g

编织要点：
1.棒针编织法，袖窿以下一片编织而成，袖窿起分为前片、后片来编织。织片较大，可采用环形针编织。
2.起织，双罗纹针起针法起174针起织，先织16行花样A，第17行起开始编织花样A、B、C、D、E、F组合编织，组合方式及顺序见结构图所示，分配好花样后，重复往上编织至44行，第45行起，将织片分片，分成左前片、右前片和后片分别编织，左右前片各取45针，后片取84针编织。
3.分配后身片的针数到棒针上，用12号针编织，起织时两侧需要同时减针织成袖窿，减针方法为2-1-6，两侧5针花样D不变，花样B减针编织，两侧针数各减少6针，余下72针继续编织，两侧不再加减针，织至148行，中间留取42针不织，用防解别针扣住，留待编织帽子，两侧肩部各收针15针，断线。
4.编织左前片，起织时右侧需要减针织成袖窿，减针方法为2-1-6，右侧5针花样D不变，花样B减针编织，右侧针数共减少6针，余下39针继续编织，两侧不再加减针，织至148行，左侧留取24针不织，用防解别针扣住，留待编织帽子，右侧肩部收针15针，断线。
5.相同的方法相反方向编织右前片。完成后将前片与后片的两肩部对应缝合。

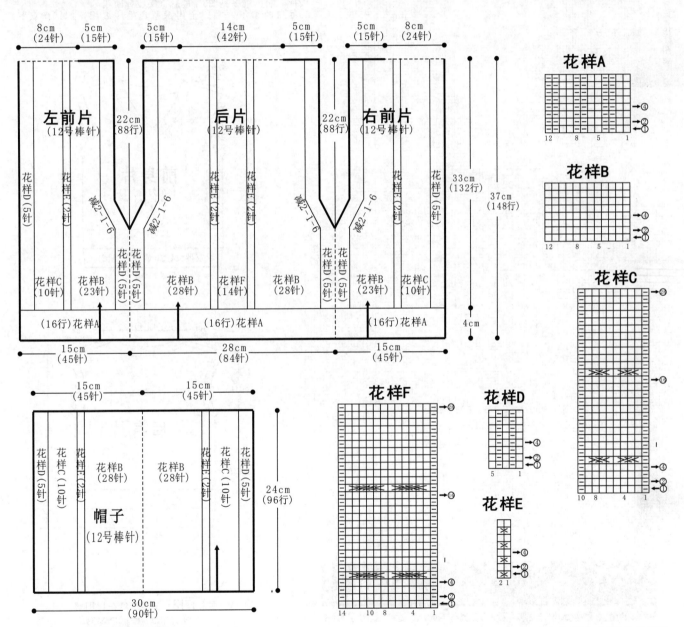

帽子制作说明

帽子编织。棒针编织法，沿领口挑针起织，挑起90针，编织花样B、C、D、E组合花样，编织方法及顺序见结构图所示，重复往上编织96行，将织片从中间分成左右两片，各取45针，缝合帽顶。

符号说明：

□　上针

□=①　下针

⊠　2针相交叉，左边1针在上

▨▨▨　左上2针与右下2针相交叉

▨▨▨　右上2针与左下2针相交叉

▨▨▨　左上3针与右下3针相交叉

▨▨▨　右上3针与左下3针相交叉

2-1-3　行-针-次

气质V领小背心

【成品规格】 身长44cm，肩宽30.2cm

【工　　具】 10号环形针

【材　　料】 单股灰色兔毛线300g，深蓝色兔毛线50g

编织要点：

1. 棒针编织法，分为前身片与后身片编织。

2. 先编织后身片，后身片花样简单，只为下针与上针交替花样，起100针织双罗纹花样，先用灰色毛线织1行，再用深蓝色毛线织3行双罗纹，再用灰色毛线织2行双罗纹花样，余下至20行之间用深蓝色毛线编织双罗纹，在21行时，平均10针的距离加1针，共加10针至110针编织衣身花样主体，不加减针织至132行时，两侧同时减针织袖窿，减针方法为：1-9-1，2-1-3，然后不加减针编织至203行时，从中间取18针不织，向两侧减针织后衣领边，减针方法为：1-4-1，1-3-1，2-2-2，2-1-1，减至最后余下27针，直接收针断线。详细编织方法见图2。

3. 编织前身片，前身片编织方法与后身片相同，不同的是前身片的花样主体不同，同样是起100针起织双罗纹花样，织20行，配色顺序与后身片相同，在21行平均加针10针，加至110针，然后用浅灰色线编织花样，不加减针织至132行时，两侧同时减针织袖窿，减针方法与后身片相同，织至143行时，从中间开始减针织前衣领边，减针方法为：2-1-9，4-1-12，减至最后余下27针，此时织前衣领边全部行数为214行，最后直接收针断线。详细编织方法见图1。

4. 缝合，将前后身片的肩部对应缝合，将前后身片的侧缝对应缝合。

5. 衣领的编织，沿着缝合好的衣领边挑针织双罗纹针，共织12行，配色顺序见图3，最后直接收针断线。

6. 袖口的编织，袖口全用深蓝色毛线编织，织10行双罗纹针。

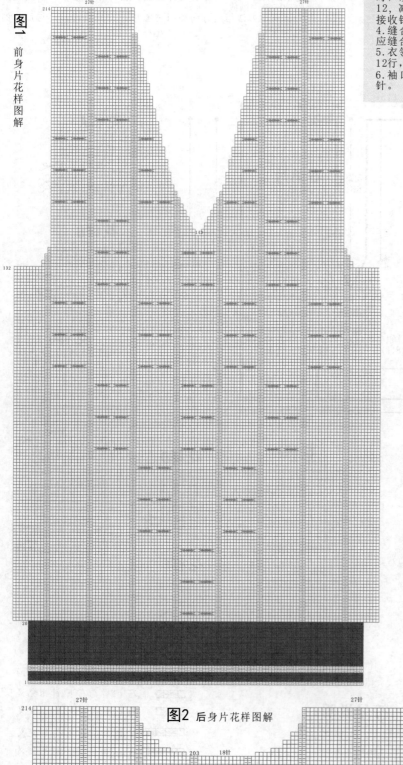

图1 前身片花样图解

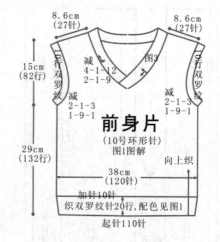

图2 后身片花样图解

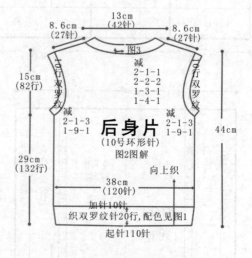

图3 衣领配色花样图解

亮丽黄色小背心

【成品规格】 衣长36cm，肩宽28cm，无袖

【工　　具】 8号环形针，3.0mm钩针

【材　　料】 单股黄色兔毛线300g

编织要点：

1.棒针编织法与钩针编织法结合，用棒针编织法编织前身片2片、后片1片，用钩针编织法钩织衣边。

2.先编织后身片，一片编织。起66针织花样，每17针一个花样组，按照图解的方法一行一行编织，不加减针编织至66行时，两侧同时减针织袖窿，减针方法为：1-4-1，2-1-2，两侧各减少5针，继续往上织至92行，93行时，从中间取12针不织，向两侧减针织后衣领边，减针方法为：1-3-1，1-2-1，2-2-1，2-1-1，减至最后余下16针，最终行数为100行。

3.编织前身片，前片分为2片编织，起20针织花样，花样顺序图1，侧缝这边不加减针，衣襟这边加针织弧形边，加针方法为：2-3-2，2-2-2，2-1-5，将织片加至38针，继续往上织至62行时，衣襟这边开始减针织，减针方法为：2-1-10，4-1-4，侧缝这边织至66行时，开始减针织袖窿，减针方法为：1-5-1，2-1-2，减少7针，然后不加减针织至100行，最后针数余下16针，直接收针断线。同样的方法再编织另一前片，详细编织方法见图1。

4.缝合，将前后身片的肩部对应缝合，将前后身片的侧缝对应缝合。

5.衣边的编织，衣边用钩针编织，针号为3.0mm钩针，沿着各条边钩织花边，包括衣袖边、前后衣领边、前衣襟边和后衣摆边。

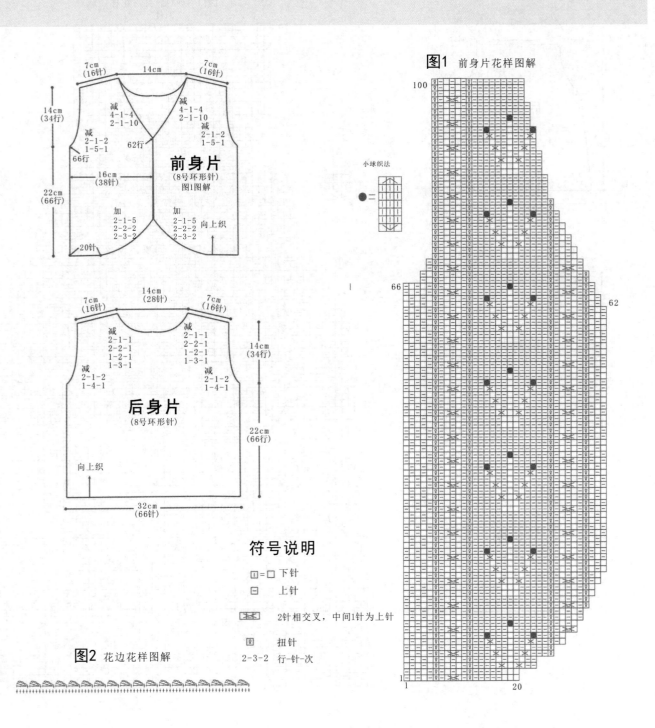

前身片（8号环形针）图1图解

后身片（8号环形针）

图1 前身片花样图解

小球织法

符号说明

☐ ＝☐ 下针

☐ 上针

2针相交叉，中间1针为上针

扭针

2-3-2 行-针-次

图2 花边花样图解

休闲可爱小背心

【成品规格】 身长45cm，无袖

【工　　具】 8号环形针

【材　　料】 单股红棕色兔毛线300g

编织要点：

1. 棒针编织法，分为前身片1片、后身片1片编织。

2. 先编织前身片，起63针织花样，按图解分配的花样针数编织，两侧各留2针织下针作边，在这2针的内侧第1针作加减针，两侧同时编织，不加减针织至16行，从下一行开始，两侧同时减针织，侧缝减针方法为10-1-4，织至56行，从57行开始减针织袖窿边，减针方法为2-1-16，织至88行，最后余下针数为23针，暂时不收针，用别针扣住。详细花样图解见图1。

3. 编织后身片，后身片的织法与前身片是相同的，两侧加减针方法与前身片相同，织至88行时，同样余下23针，此时，需要与前身片连接编织衣领，先将后身片余下的23针沿编织方向加8针后，与前身片的领边连接编织，织完23针后，再加针8针，最后与后身片连接编织，如此形成1个圈编织，此时针数为62针，先编织4行单罗纹针，余下织10行下针后，直接收针断线。衣领边自然卷曲成形。详细编织方法见图1。

4. 将前后身片的侧缝对应缝合。衣服完成。

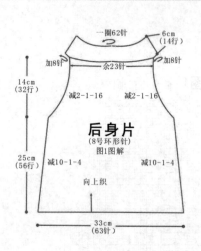

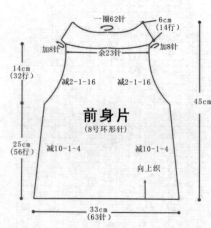

符号说明：

□=□ 下针

□ 上针

⊠ 2针交叉

图1 前(后)身片花样图解
31针

小球织法

●=

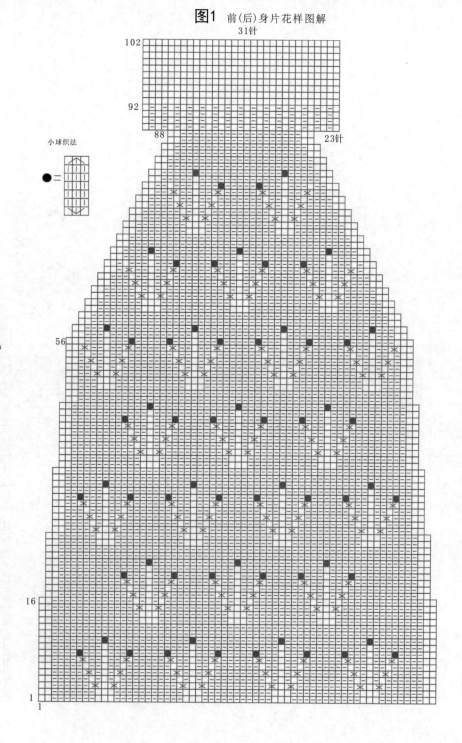

圆领韩版娃娃装

【成品规格】	衣长52cm，胸围51cm，肩宽28.5cm
【工　具】	10号棒针
【编织密度】	10cm²=25.5针×32行
【材　料】	米黄色兔毛线250g，1.5cm直径丝带花6个，1cm装饰纽扣38粒

编织要点：

前身片制作说明：
1.从第125行开始向上编织至肩部，将针数从98针缩为65针，方法是在织片的中间做一对褶，详见图2图解。第125行编织1行下针，1行上针，共编织6行。从第131行开始编织图5花样，然后编织1行下针，1行上针4行，此12行针法重复4次至肩部。从第155行起开始进行前衣领减针，此时在织片中部留15针不织，可以收针，亦可用防解别针锁住留作编织衣领连接，两侧余下的针数，在衣领侧减针，方法为：2-3-1，2-2-1，2-1-4，最后两侧的针数各余下18针，收针断线。

后身片制作说明：
2.从第125行开始向上编织至肩部，将针数从98针缩为65针，方法是在织片的中间做一对褶，详见图2图解。第125行编织1行下针，1行上针，共编织6行。从第131行开始编织图5花样，然后编织1行下，1行上针4行，此12行针法重复4次至肩部。从第167行起开始进行后衣领减针，此时在织片中部留19针不织，可以收针，亦可用防解别针锁住留作编织衣领连接，两侧余下的针数，在衣领侧减针，方法为：2-3-1，2-2-1，2-1-2，最后两侧的针数各余下18针，收针断线。

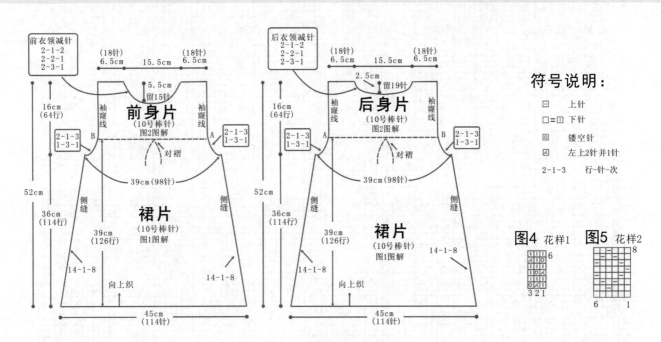

符号说明：

- □　上针
- □=回　下针
- ▣　镂空针
- ◨　左上2针并1针
- 2-1-3　行-针-次

图4 花样1　　图5 花样2

衣领、袖窿边制作说明

1.衣身编织完成并缝合好侧缝、肩缝后才可编织领边和袖窿边。
2.沿着前后衣领边挑针，挑出的针数与衣领沿边的针数一样，挑针时编织1针上，1针下单罗纹，挑织满1圈后第2行就开始收针，收针也采用1针上，1针下的罗纹收针法，收完针后断线。
3.沿着袖窿边挑针，挑出的针数与袖窿沿边的针数一样，挑针时编织1针上，1针下单罗纹，挑织满1圈后第2行就开始收针，收针也采用1针上，1针下的罗纹收针法，收完针后断线。同样方法挑织完成另一袖窿。在前后衣身的对褶处分别缝上3朵丝带装饰花。在裙摆的图4花样上分别缝上38粒装饰纽扣。

裙片制作说明

1.裙片为2片编织，从裙摆起织，往上编织至身片连接处。详细编织见图1图解。
2.起114针，编织1行下针，1行上针，共编织6行。第7行开始编织图4花样。第13行编织1行下针，1行上针，共编织4行。从第14行开始对裙片两边的侧缝进行减针，方法顺序为14-1-8。第17行起编织图5花样8行。第25行起编织1行下针，1行上针4行，再编织16行下针，将这20行针法重复5次则高度至衣身片连接处。织片至36cm高后，从第115行开始袖窿减针，方法顺序为：1-3-1，2-1-3，袖窿减少针数为6针。然后不加减针编织至39cm高度，124行，97针。裙片编织完成，但是不要断线，继续编织衣身片。

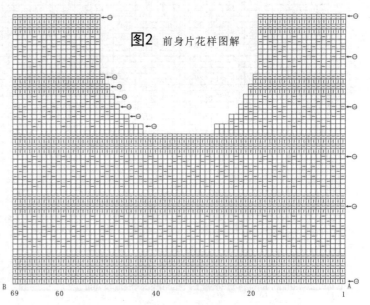

图2　前身片花样图解

图3　后身片花样图解

图1 前后裙片花样图解

以D为中心，C向E对应缝合
合并后继续往上织胸部织片

休闲图案背心

【成品规格】 衣长40cm，胸宽32cm，肩宽24cm，袖长1.9cm，下摆宽32cm

【工　具】 10号棒针

【编织密度】 10cm² =28针×43行

【材　料】 黄色腈纶线150g，黑色腈纶线100g

编织要点：

1.棒针编织法，从下往上织，两色搭配，先编织衣服，再在前片绣上图案。袖窿以下环织，袖窿以上分成前片、后片编织。

2.起针，用黑色线，用单罗纹起针法，起180针，首尾连接，环织。

3.衣摆编织。起织花样A单桂花针，无加减针，共织12行的高度。

4.衣身配色的编织。衣身全部编织下针，从第13行起，改用黄色线编织，织10行下针，然后改用黑色线织4行下针，再用黄色线织2行下针，最后改用黑色线织4行下针。此后重复第13行至第33行的步骤，共重复3次，衣身织成60行，而后全用黄色线编织，再织18行，完成袖窿以下的编织。

5.袖窿以上的编织。将180针分成两半，前片90针，后片90针。

(1)前片的编织。两边同时收针，各收针6针，然后每织4行两边各减2针，共减掉8针，针数余下62针，再织26行下针，在下一行的中间，选取18针收掉，两边分成两片分别编织，衣领这侧进行减针，先每织1行减1针，共减6次，再织2行减1针，共减3次，减针行织成12行，再织10行后，肩部余下13针，用防解别针扣住。同样的方法编织另一半。

(2)后片的编织。袖窿减针与前片相同，完成减针后，再织60行，中间选出24针收掉，两边每织1行减1针，共减6针，两肩部各余下13针，将肩部与前片的对应肩部，一针对应一针缝合。

(3)用下针缝图方法，在前片73行起，根据花样A所示的位置，绣上图案。

6.袖口的编织。沿着袖窿边，用黑色线，沿边挑120针，编织花样A单桂花针，共织10行的高度后，收针断线。同样的方法编织另一袖口。

7.领片的编织。沿着前衣领边，用黑色线，挑46针，沿着后衣领边，挑36针，起织花样A单桂花针，共织8行的高度后，收针断线。衣服完成。

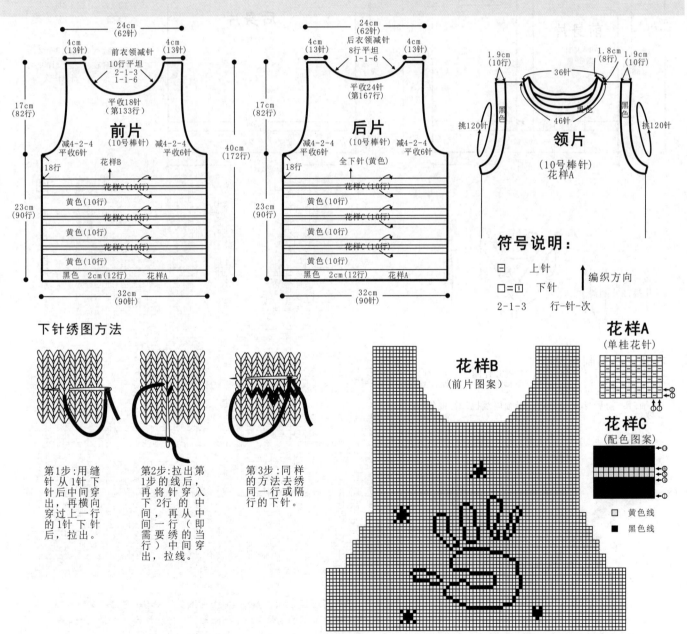

下针绣图方法

第1步：用缝针从1针下针后中间穿出，再横向穿过上一行的1针下针后，拉出。

第2步：拉出第1步的线后，再将针穿入下2行的中间，再从下面一行（即当需要绣的当行）中间穿出，拉线。

第3步：同样的方法去绣同一行或隔行的下针。

前片（10号棒针）

后片（10号棒针）

领片（10号棒针）花样A

花样B（前片图案）

花样A（单桂花针）

花样C（配色图案）

符号说明：

□　上针

□=回　下针

↑ 编织方向

2-1-3　行-针-次

□ 黄色线
■ 黑色线

V领男生小背心

120

【成品规格】 衣长40cm，胸围67cm，肩宽26cm

【工 具】 9号棒针

【编织密度】 10cm²=25针×30行

【材 料】 咖啡色棉线300g，花色线少许

编织要点：

后身片制作说明：

1. 后身片衣摆用咖啡色线起82针织12行双罗纹，4行咖啡色，2行花色，2行咖啡色，2行花色，2行咖啡色。
2. 第13行分散加针至92针。
3. 第69行开始袖隆减针，减针方法：1-8-1，2-1-5。
4. 第113行开始留后衣领，中间留30针，两侧按2-1-1，平织2行。
5. 织至第116行，肩部余17针，收针断线。

前身片制作说明：

1. 前身片衣摆用咖啡色线起82针织12行双罗纹，4行咖啡色，2行花色，2行咖啡色，2行花色，2行咖啡色。
2. 第13行分散加针至94针，按图1编织至68行。
3. 第69行开始袖隆减针，减针方法：1-8-1，2-1-5。
4. 第73行开始前衣领减针，减针方法：2-1-8，4-1-6。减针位置在绞花部分外侧。详见图1。
5. 第116行两边肩部各余17针，收针断线。

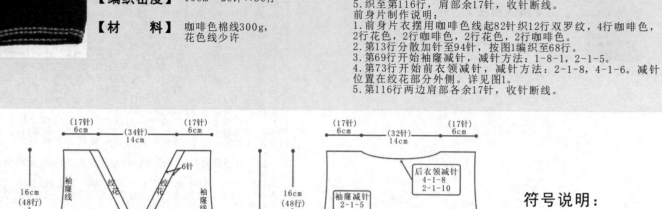

符号说明：

⊟	上针
□=□	下针
⧖	右上2针交叉
⧗	左上2针交叉
	右上3针交叉
	左上3针交叉
4-1-8	行-针-次

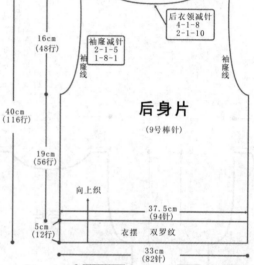

图1 前身片花样图解

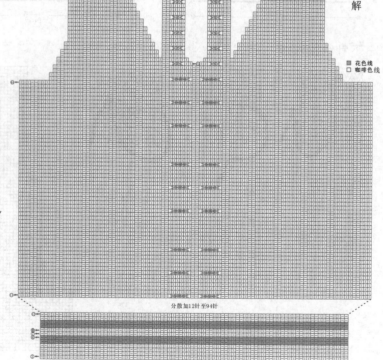

衣领、袖口制作说明

1. 衣领：前后身片缝合后，共挑93针圈织，织6行双罗纹（2行咖啡色，2行花色，2行咖啡色），收针断线。详见图3衣领花样图解。
2. 袖口：前后身片缝合后，沿袖隆线挑72针圈织6行双罗纹。

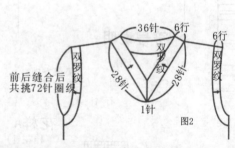

图2

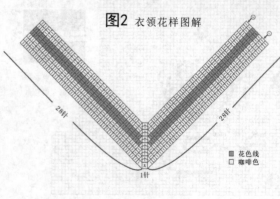

图2 衣领花样图解

大气蓝色韩版外套

【成品规格】 上衣长37cm，宽27cm，袖长35cm

【工　　具】 12号棒针，钩针

【编织密度】 10cm² =32.5针×37.5行

【材　　料】 蓝色棉线400g

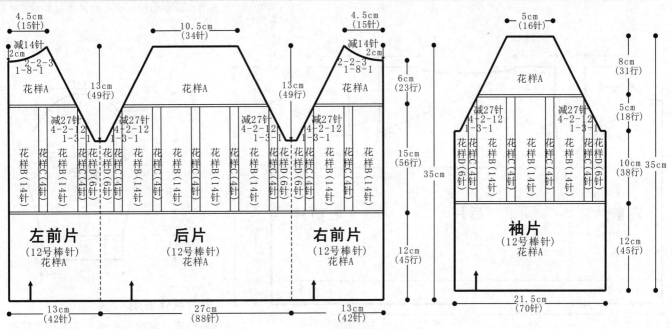

领片
（12号棒针）

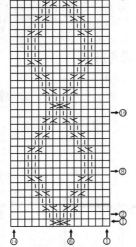

领片/衣襟制作说明

1.棒针编织法，往返编织。
2.先钩织衣襟，见结构图所示，沿着衣襟边钩织2行花样F，作为衣襟。
3.完成衣襟后才能去编织衣领，沿着前后衣领边挑针编织，织花样E，共织10行的高度，用下针收针法，收针断线。

花样F

```
+ + + + + + + + + + + ←②
+ + + + + + + + + + + →①
```

袖片制作说明

1.棒针编织法，一片编织完成。
2.起织，下针起针法，起70针起织，起织花样A，共织45行，第46行全部织上针，第47行下针，第48行上针，从第49行起将织片分配花样，由花样B、C与花样D组成，见结构图所示，分配好花样针数后，重复花样往上编织，织至83行，从第84行起，两侧需要同时减针织成插肩，减针方法为：1-3-1，4-2-12，两侧针数各减少27针，织至98行，第99行全部织上针，第100行下针，第101行上针，第102行起，全部改织花样A，一直织至132行，余下16针，用防解别针扣住，留待编织衣领。
3.同样的方法再编织另一袖片。
4.缝合方法：将袖片的插肩缝对应前后片的插肩缝，用线缝合，再将两袖侧缝对应缝合。

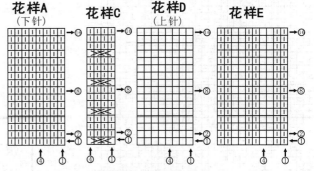

符号说明：

□ =⊟ 上针

⊡ 下针

右上2针与左下1针交叉

左上2针与右下1针交叉

左上2针与右下2针交叉

2-1-3 行-针-次

十 短针

红色休闲外套

【成品规格】衣长40cm，宽36cm，
肩宽31cm，袖长28cm

【工　具】12号棒针，12号环形针

【编织密度】10cm² =19.5针×26.5行

【材　料】红色棉线500g

编织要点：

1.棒针编织法，袖窿以下一片编织而成，袖窿起分为前片、后片来编织。织片较大，可采用环形针编织。

2.起织，双罗纹针起针法起131针起织，先织10行花样A，完成后下针收针法收针，然后从里侧挑起相同的针数，编织花样B，每20针1个花样，共织6.5个花样，两侧各织1针下针，重复往上织至60行，下针收针法收针，然后从里侧挑起相同的针数，改为编织花样A，织6行后，第67行起，将织片分片，分为左前片、后片、右前片编织，左右前片各取31针，后片取70针编织。先编织后片，而左右前片的针眼用防解别针扣住，暂时不织。

3.分配后身片的针数到棒针上，用12号针编织，起织时两侧需要同时减针织成袖窿，减针方法为：1-3-1，2-1-3，两侧针数各减少6针，余下58针继续编织，两侧不再加减针，织至78行，第79行起，改为花样A与花样C组合编织，组合方法如结构图所示，织至102行，第103行起，中间留取28针不织，用防解别针扣住，留待编织帽子。两侧衣领减针，方法为：2-1-2，各减2针，最后两肩部各留下13针，收针断线。

4.编织左前片，起织时右侧需要减针织成袖窿，减针方法为：1-3-1，2-1-3，右侧针数减少6针，余下25针继续编织，两侧不再加减针，织至78行，第79行起，改为花样A与花样C组合编织，组合方法如结构图所示，织至102行，第103行起，左侧减针织成衣领，方法为：2-2-5，2-1-2，共减12针，织至106行，肩部留下13针，收针断线。

5.相同的方法相反方向编织右前片。完成后将前片与后片的两肩部对应缝合。

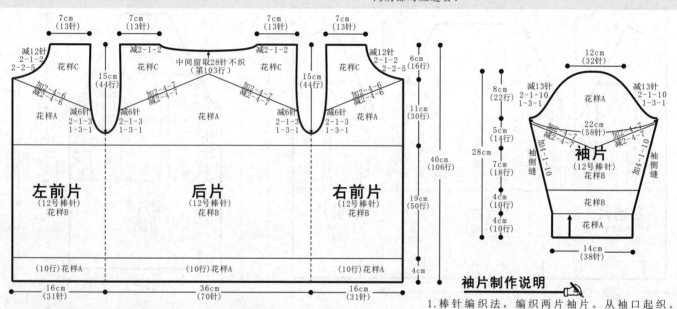

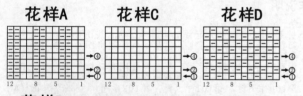

花样A　　花样C　　花样D

花样B

符号说明：

□　　上针

□=①　　下针

2-1-3　　行-针-次

袖片制作说明

1.棒针编织法，编织两片袖片。从袖口起织。
2.起38针，起织花样A，织10行后，改织花样B，两侧同时加针，加4-1-10，织至20行时，收针，沿边从里侧挑针织花样B，织至38行后，从织片的中间向两侧，改织花样A，编织方法如结构图所示，织至52行，开始编织袖山，袖山减针方法为：1-3-1，2-1-10，两侧各减少13针，最后织片余下32针，收针断线。
3.同样的方法再编织另一袖片。
4.缝合方法:将袖山对应前片与后片的袖窿线，用线缝合，再将两袖侧缝对应缝合。

帽子/衣襟制作说明

1.帽子编织。棒针编织法，沿领口挑针起织，起针时两片均匀减针成60针，挑起70针，编织花样D，织52行，将织片从中间分开成左右两片，各取35针分别编织，两侧对称减针，方法为2-1-11，织至74行，左右两片各留帽顶。缝合帽顶。
2.衣襟编织。沿着衣襟边横向挑针起织，挑起的针数要比衣服本身稍多些，织花样A，共织12行后收针断线。同样去挑针编织另一前片的衣襟边，方法相同，方向相反。在右边衣襟要制作4个扣眼，方法是在一行收起2针，在下一行重起这2针，形成1个眼。

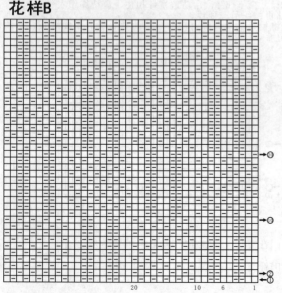

高领插肩袖毛衣

【成品规格】 衣长41cm，半胸围35cm，
插肩连袖长44cm

【工　　具】 12号棒针

【编织密度】 10cm² =30针×36行

【材　　料】 红色棉线共350g，
咖啡色棉线100g，
黄色、蓝色棉线各50g

编织要点：

1.棒针编织法，从上往下织，织至袖窿以下，分出两个衣袖，前后身片连起来编织完成。

2.衣领起织，双罗纹针起针法，咖啡色线起84针，环形编织花样A，织50行，第51行起改为红色线编织衣身。

3.将织片分为前片、左袖片、后片、右袖片4部分，针数分别为30+12+30+12针，4个织片接缝处为4条插肩缝，分配左右袖片及后片的54到棒针上，织花样B，往返编织，一边织一边两侧挑织前片的针眼，方法为2-2-3，织6行后，第7行挑起前片中间的18针，环形编织，起织同时一边织一边在插肩缝两侧加针，加2-1-34，织至30行，第31行起编织花样B，织至68行，织片变为356针，左右袖片各留起80针不织，将前片和后片连起来编织衣身。

4.分配前后片的针眼到棒针上，红色线织花样B，先织前片98针，完成后加起8针，然后织后片98针，再加起8针，环形编织，不加减针往下编织50行的高度，改织图案b，织12行后，改为咖啡色线编织，织2行后，改织花样A，织16行，收针断线。

5.编织袖片，分配袖片的80针到棒针上，袖底挑衣身侧缝加起的8针环形，红色线织花样B，一边织一边在袖底缝对称减针，方法为7-1-10，织62行后，改织图案b，织12行后，改为咖啡色线编织，织至76行，织片余下68针，改织花样A，织16行，收针断线。同样的方法编织另一袖片。

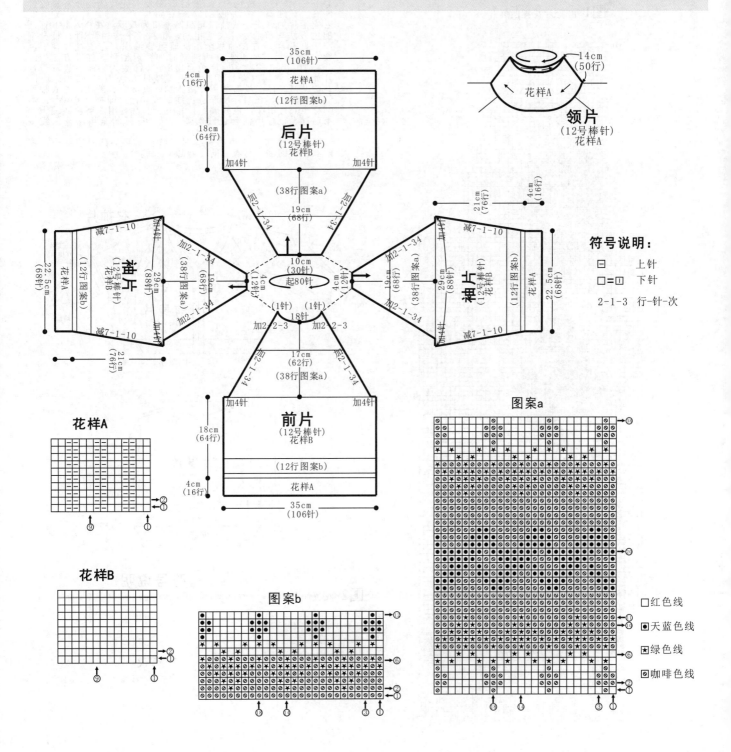

帅气菱形纹外套

【成品规格】身长44cm，肩宽37cm，袖长38cm

【工　　具】10号环形针

【材　　料】单股深蓝色兔毛线500g，
4颗纽扣

编织要点：

1.棒针编织法，分为前身片2片、后身片1片、衣袖2片编织。
2.先编织后身片，衣摆为双罗纹花样，配以色线搭配，用双罗纹起针法起针92针，先编织14行，用深蓝色线，第15、16行用浅紫色线，第17、18行用深红色线，第19、20行用浅紫色线。第21行全织下针，平均加针8针，将织片针数加至100针继续编织，后身片衣身主体全用深蓝色线编织下针，不加减针织至100行时，两侧同时减针织袖窿，减针方法为：1-4-1，2-1-4，继续编织下针，织至138行，从下1行开始，从中间取16针不织，向两侧减针织成后衣领边，减针方法为：1-4-1，1-3-1，2-2-1，2-1-1，将织片织成146行，最后两肩部余下针数为24针直接收针断线。
3.编织前身片，前身片分为2片编织，以右前身片为例，左前身片衣摆同样为双罗纹花样，配色方法与后身片相同，用双罗纹起针法起46针，编织20行双罗纹花样，第21行全织下针，平均加针4针，将织片针数加至50针继续编织，前身片以深蓝色线打底，用深红色线和浅紫色线再配以白色线编织方块花样，从21行开始用深蓝色线编织下针，在第50行时，在距离侧缝18针的位置，开始用深红色线编织方块，每个方块宽21针，高度42行。侧缝织至100行时，从下一行开始减针织袖窿，减针方法与后身片相同。衣襟这侧，织至92行时，从下一行开始减针织前衣领边，减针方法为：2-1-10，4-1-8。织片织成146行，最后肩部余下针数为24针直接收针断线。详细编织方法见图1。
4.衣袖片的编织，从袖口织起，袖口为双罗纹花样，共20行，配色方法与前后身片衣摆相同，第21行平均加针8针，袖身全织下针花样，右衣袖片全用深蓝色线编织，左衣袖片含配色线，2行48针开始编织，两侧同时加针织袖身，加针方法为：4+1+10，6+1+8，将袖片织至118行，针数为84针，从下一行开始，两侧同时减针织袖山边，减针方法为：1-4-1，1-1-26，共减28针，最后余下针数为24针直接收针断线。左衣袖片的配色织法，在21行用深蓝色线织成40行，即袖片的60行，第61行至68行用深红色线编织，第69行与70行用深蓝色线编织，第71行至78行用浅紫色线编织，从79行开始全用深蓝色线编织。
5.缝合，将前后身片的侧缝对应缝合，将肩部对应缝合，将两衣袖片的袖山与衣身的袖窿边对应缝合。

图1 前身片花样图解

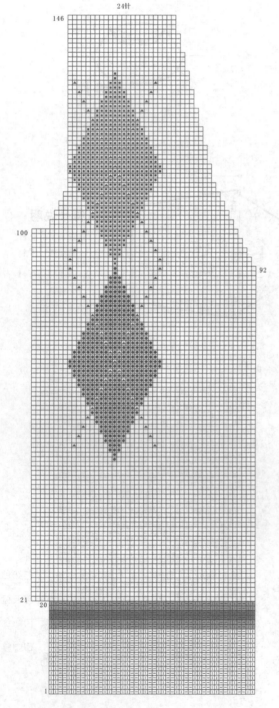

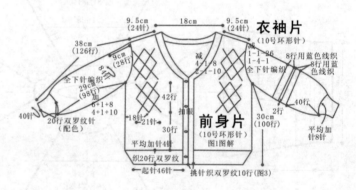

衣袖片
（10号环形针）

前身片
（10号环形针）
图1图解

后身片
（10号环形针）

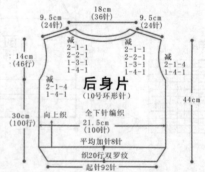

图2 衣领配色图解

深蓝色	10
浅紫色	
深红色	
浅紫色	
深蓝色	1

符号说明：

□ = □ 下针

□　上针

▲　白色

◉ = ■ 深红色

▣ = ■ 浅紫色

条纹开襟长袖外套

【成品规格】 衣长46cm，胸围80cm，袖长31cm，肩宽30cm

【工　具】 7号棒针，缝衣针

【材　料】 棕色羊毛线380g，白色羊毛线70g

编织要点：

后身片制作说明：
1. 后身片为一片编织，从衣摆起双罗纹针编织，往上编织至肩部。
2. 起80针编织后身片双罗纹针边，然后从第12行起配色编织，共编织30cm后，即75行，从第76行开始袖窿减针，方法顺序为：1-4-1，2-2-1，2-1-3，后身片的袖窿减少针数为9针，减针后，不加减针往上编织至肩部。
3. 从织片的中间留19针不织，分线编织减针留出领口，衣领侧减针方法为：2-2-1，2-1-1，最后两侧的针数余下21针，收针断线。

前身片制作说明：
1. 前身片分为2片编织，左身片和右身片各1片，从衣摆起双罗纹针编织，往上编织至肩部。
2. 起40针编织前身片双罗纹针边，然后从第12行起配色编织，共编织30cm后，即75行，从第76行开始袖窿减针，方法顺序为：1-4-1，2-2-1，2-1-3，前身片的袖窿减少针数为9针，减针后，不加减针往上编织至肩部。详细编织图解见图1。
3. 同样的方法再编织另一前身片，完成后，将两个前身片的侧缝与后身片后的侧缝对应缝合，再将两肩部对应缝合。
4. 在前身片挑织双罗纹门襟边，在一侧前身片缝上扣子，不缝扣子的一侧，要制作相应数目的扣眼，扣眼的编织方法为：在当前收起数针，在下一行重起这些针数，这些针数两侧正常编织。

符号说明：

□　上针

□=□　下针

right-3针与左下3针交叉

2-1-3　行-针-次

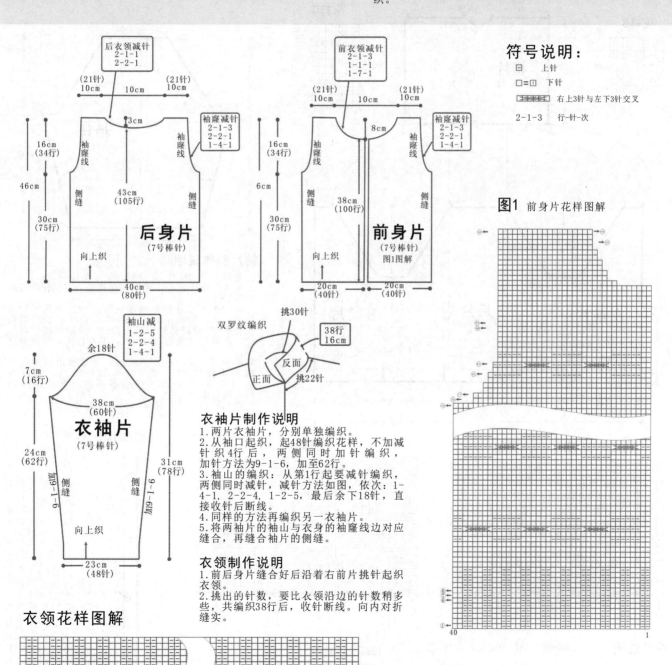

后身片（7号棒针）

后衣领减针 2-1-1 2-2-1

(21针)10cm　10cm　(21针)10cm

3cm

袖窿减针 2-1-3 2-2-1 1-4-1

16cm（34行）

46cm

30cm（75行）

43cm（105行）

袖窿线　侧缝　向上织　侧缝

40cm（80针）

前身片（7号棒针）图1图解

前衣领减针 2-1-3 1-1-1 1-7-1

(21针)10cm　10cm　(21针)10cm

8cm

袖窿减针 2-1-3 2-2-1 1-4-1

16cm（34行）　6cm

38cm（100行）

30cm（75行）

侧缝　向上织　侧缝

20cm（40针）　20cm（40针）

图1 前身片花样图解

衣袖片（7号棒针）

袖山减 1-2-5 2-2-4 1-4-1

余18针

7cm（16行）

38cm（60针）

24cm（62行）

31cm（78行）

加9-1-6　侧缝　侧缝　加9-1-6

向上织

23cm（48针）

双罗纹编织　挑30针

38行16cm

反面　正面　挑22针

衣袖片制作说明
1. 两片衣袖片，分别单独编织。
2. 从袖口起织，起48针编织花样，不加减针织4行后，两侧同时加针编织，加针方法为9-1-6，加至62行。
3. 袖山的编织：从第1行起要减针编织，两侧同时减针，减针方法如图，依次：1-4-1，2-2-4，1-2-5，最后余下18针，直接收针后断线。
4. 同样的方法再编织另一衣袖片。
5. 将两袖片的袖山与衣身的袖窿线边对应缝合，再缝合袖片的侧缝。

衣领制作说明
1. 前后身片缝合好后沿着右前片挑针起织衣领。
2. 挑出的针数，要比衣领沿边的针数稍多些，共编织38行后，收针断线。向内对折缝实。

衣领花样图解

厚实连帽外套

【成品规格】 衣长40cm，衣宽35cm，肩宽28cm，袖长28cm

【工　　具】 12号棒针，12号环形针

【编织密度】 10cm² =20针×30行

【材　　料】 绒线600g

编织要点：

1. 棒针编织法，袖窿以下一片编织而成，袖窿以上分成左前片、右前片、后片编织，然后连接编织帽子。
2. 起针，单罗纹起针法，起162针，来回编织，用12号环形针编织。前后身片编织双罗纹12行。
3. 第13行分针数编织花样，方法是从织片右边起，26针编织花样A，40针编织花样B，30针编织花样C，40针编织花样B，26针编织花样A，袖窿以下不加减针编织23cm，70行。
4. 袖窿以上分成左前片、后片、右前片编织，左前片和右前片各40针，后片82针，先编织后片，两边平收针4针，两边均留出2针编织下针做筋，两边都在第3针同时减针，方法顺序为：4-1-3，2-1-18，两边各减21针，剩余针数为32针，织至40cm，120行时收针断线。
5. 编织右前片，腋平收针4针，袖窿处2针织下针，减针在第3针进行，方法顺序为2-1-24，24针，剩余针数为12针，织至40cm，120行时收针断线。对称编织左前片。
6. 身片和袖片缝合后进行帽片的编织。沿前后身片、袖片的领窝边对应挑出80针，来回编织花样A，织到62行高度时，将帽子从中间分成两半，从中心向两边减针，每织2行减1针，减4次，将帽子织成70行的高度，将两边对称缝合。帽子完成。

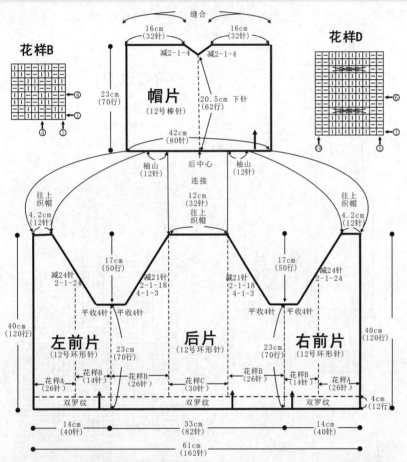

花样B

帽片（12号棒针）

花样D

缝合
16cm（32针）　16cm（32针）
减2-1-4　减2-1-4
23cm（70行）
20.5cm 下针（62行）
42cm（80针）
后中心　连接　12cm（32针）　袖山（12针）
往上织帽　4.2cm（12针）

左前片（12号环形针）　后片（12号环形针）　右前片（12号环形针）

17cm（50行）
减24针 2-1-24　减21针 2-1-18 4-1-3
平收4针　平收4针
40cm（120行）
23cm（70行）
花样A（26针）　花样B（14针）　花样B（26针）　花样C（30针）　花样B（26针）　花样B（14针）　花样A（26针）
双罗纹　双罗纹　双罗纹　4cm（12行）
14cm（40针）　33cm（82针）　14cm（40针）
61cm（162针）

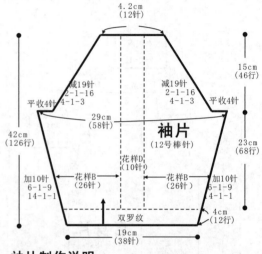

袖片（12号棒针）

4.2cm（12针）
15cm（46行）
减19针 2-1-16 4-1-3　平收4针　平收4针　减19针 2-1-16 4-1-3
29cm（58针）
42cm（126行）　23cm（68行）
花样D（10针）
加10针 6-1-9 14-1-1　花样B（26针）　花样B（26针）　加10针 6-1-9 14-1-1
双罗纹　4cm（12行）
19cm（38针）

袖片制作说明

1. 袖片分2片编织，从袖口起织。至插肩领口。
2. 用12号棒针起织，单罗纹起针法，起38针。编织双罗纹4cm，12行。
3. 第13行开始分针数编织花样，方法是从织片右边起，26针编织花样B，10针编织花样D，26针编织花样B，不加减针编织13行，第14开始两侧同时加针，加针方法为每6行加1针，共加10次。针数加至58针。
4. 编织至27cm，80行高度时，开始袖山编织。两端各平收针4针，然后进入减针编织，减针方法：4-1-3，2-1-16，两边各减掉19针，余下12针，收针断线。
5. 以相同的方法，再编织另一只袖片。

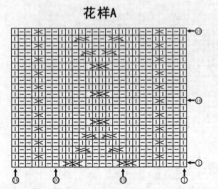

花样A

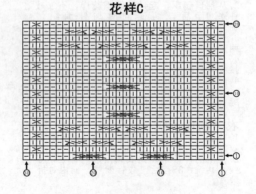

花样C

门襟制作说明

编织门襟，前门襟边与帽檐边一起编织，与在前后身片缝合后进行编织，棒针编织法，往返编织。使用12号环形针编织，分别沿着左右前片门襟边及帽檐挑针。每边挑144针，左右门襟及帽檐共挑出288针，编织双罗纹针法，在右前片门襟编织到第5行时，按图示每间隔22针开纽扣孔，共开4个，门襟边共编织8行，单罗纹收针。

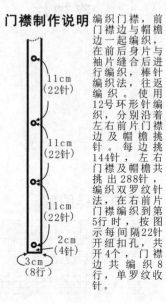

11cm（22针）
11cm（22针）
11cm（22针）
2cm（4针）
3cm（8行）

符号说明：

	3针相交叉，左3针在上	2下针和1上针的左上交叉
□ 上针	2针相交叉，左2针在上	3下针和1上针的右上交叉
□=□ 下针	左上1针交叉	3下针和1上针的左上交叉
	2下针和1上针的右上交叉	2-1-3　行-针-次

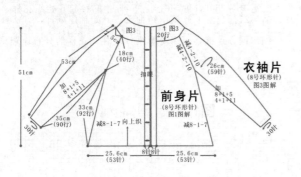

扭花纹对襟外套

【成品规格】 身长51cm，插肩款，袖长(肩至袖口)53cm

【工　　具】 8号环形针

【材　　料】 单股墨绿色兔毛线300g，8颗纽扣

编织要点：

1.棒针编织法，分为前身片2片、后身片1片、衣袖2片、衣领1片编织。

2.先编织后身片，起针93针织下针，第2行织上针，第3行织下针，第4行织上针，第5行织下针，第6行织无加减针，作衣摆边，从第7行开始织花样主体，棒绞花样每条6针编织，共4条，其余行数从第7行织至20行时，无加减针，从21行开始，每隔8行，两侧同时各减1针，共减7次，然后不加减针织至92行，从93行开始减针织插肩袖笼，减针方法为4-2-10，共织40行，最后行数为26针。

3.编织前身片，前身片分为2片编织，以右前身片为例，起53针起织衣摆花样，花样与后身片的衣摆花样相同，为6行上下针交替花样，从第7行开始编织衣身花样主体，衣襟侧算起8针用作编织单罗纹，余下针数按照图1所示的花样编织，衣襟侧无加减针，侧缝减针编织，不加减针织成20行，再从21行开始减针织，每8行减1针，共减7次，然后将织片织至92行，再从93行开始减针织袖笼边，减针方法为4-2-10，共织40行，最终行数为26针。直接收针断线。同样的方法再编织左前身片。详细编织方法见图1。右前身片衣襟边要制作6个扣眼，扣眼的织法为：在当行收起数针，在下一行重起这些针数。在扣眼对应的左衣襟边，缝上6颗纽扣。

4.衣袖片的编织，从袖口起织，起30针起织花样，同样为6行上下针交替花样，袖中为两条棒绞花样，从第7行开始，两侧同时加针织袖身，加针方法为：4+1+11，8+1+5，将织片的针数加至59针，袖身行数为90行，从9行开始减针织袖山边，减针方法为4-2-10，最后行数为130行，剩余23针。直接收针断线。详细编织方法见图2。

5.缝合，将前后身片的侧缝对应缝合，将两衣袖片的袖山与衣身的袖笼边对应缝合，再将袖身侧缝缝合，近袖口侧缝留10cm长的距离不缝合。将袖口边翻起，缝上1个纽扣固定。

6.衣领的编织，沿着缝合好的衣领边，挑针起织单罗纹针，图解见图3，共织20行，最后按照单罗纹收针法收针断线。

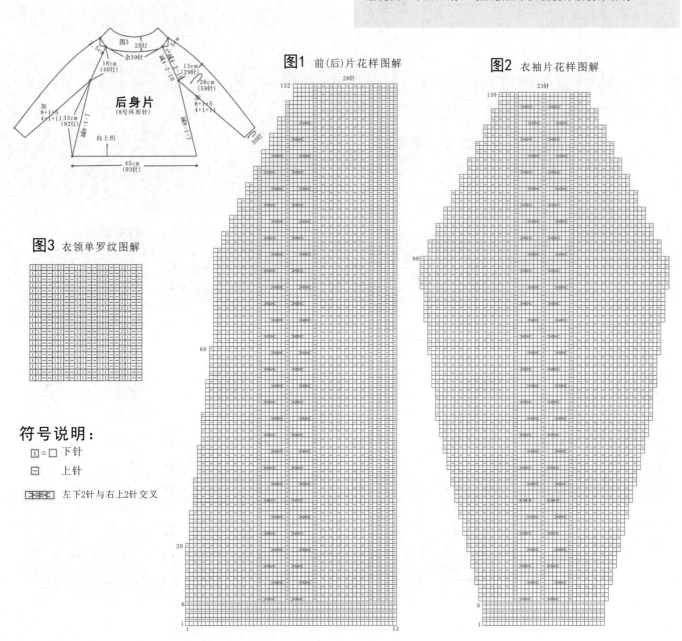

图1 前(后)片花样图解

图2 衣袖片花样图解

图3 衣领单罗纹图解

符号说明：

□=□ 下针

□ 上针

左下2针与右上2针交叉

红艳艳小球外套

【成品规格】 衣长58cm，胸围46 cm，袖长23 cm

【工　　具】 10号棒针，环形针

【编织密度】 10cm² =26针×29行

【材　　料】 红色羊毛线400g，纽扣10颗

编织要点：

前身片制作说明：
1. 前身片分为2片编织，左身片和右身片各1片。
2. 起织与后身片相同，前身片起45针后，先编织6行上下针，第7行起开始花样，然后，从第27行起全下针编织到袖窿，开始袖窿减针，方法顺序为1-5-1，2-2-1，前身片的袖窿减少针数为7针。不收针，留作编织围领连接，可用防解别针锁住。花样的分布详解见图1。
3. 同样的方法再编织另一前身片，完成后，将两前身片的侧缝与后身片的侧缝、袖窿对应缝合，然后圈织围领。最后在一侧前身片缝上扣子，不缝扣子的一侧，要制作相应数目的扣眼，扣眼的编织方法为：在当行收起数针，在下一行重起这些针数，这些针数两侧正常编织。

后身片制作说明：
1. 后身片为一片编织，从衣摆起织，往上编织至袖窿。
2. 后身片起95针编织6行上下针，第7行起开始花样，然后，从第27行起全下针编织到袖窿，开始袖窿减针，方法顺序为：1-5-1，2-2-1，后身片的袖窿减少针数为7针，不收针，留作编织围领连接，可用防解别针锁住。花样的分布详解见图1。

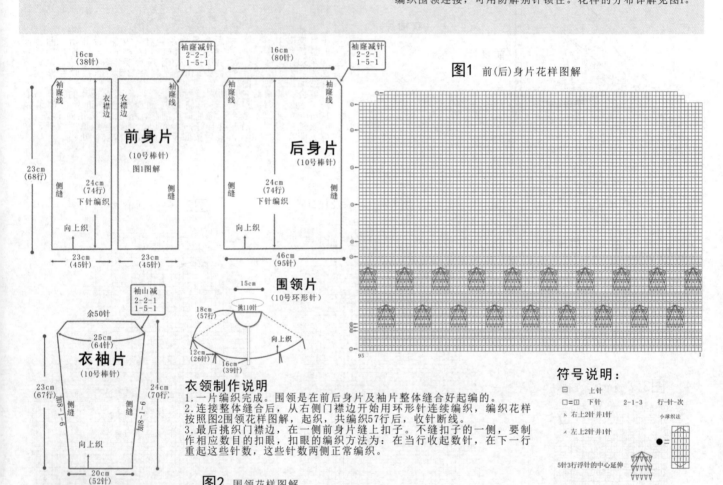

图1 前(后)身片花样图解

衣领制作说明
1. 一片编织完成。围领是在前后身片及袖片整体缝合好起编的。
2. 连接整体缝合后，从右侧门襟边开始用环形针连续编织，编织花样按照图2围领花样图解，起织，共编织57行后，收针断线。
3. 最后挑织门襟边，在一侧前身片缝上扣子。不缝扣子的一侧，要制作相应数目的扣眼，扣眼的编织方法为：在当行收起数针，在下一行重起这些针数，这些针数两侧正常编织。

符号说明：

□　上针

□=□　下针　　2-1-3　行-针-次

↗右上2针并1针　　小球织法

↖左上2针并1针

●=　

5针3行浮针的中心延伸

衣袖片制作说明：
1. 两片衣袖片，分别单独编织。
2. 从袖口起织，起52针编织花样，不加减针织26行后，两侧同时加针编织，加针方法为8-1-6，加至64行。
3. 袖山的编织：从第1行起要减针编织，两侧同时减针，减针方法：1-5-1，2-2-1。最后余下50针，袖窿减少针数为7针，收针后断线。
4. 同样的方法再编织另一衣袖片。
5. 将两片袖片的袖山与衣身的袖窿线边对应缝合，再缝合袖片的侧缝。

图2 围领花样图解

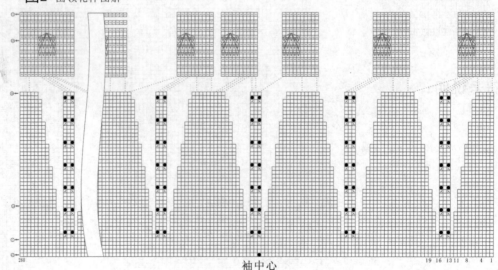

袖中心

粉粉树叶纹连帽衣

【成品规格】 衣长48cm，胸围34cm，袖长23cm

【工　　具】 7号棒针，环形针，缝衣针

【编织密度】 10cm² =21针×25.5行

【材　　料】 红圈线600g，
白拉毛线20克，
纽扣

编织要点：

前身片制作说明：
1.前身片分为2片编织，左身片和右身片各1片，从衣摆起针编织，往上加针编织至肩部。
2.起10针编织前身片，门襟方向加针编织，方法顺序为：1-2-3，1-1-8，2-1-4，从第19行起不加减针编织，共编织28cm后，即61行，从第62行开始袖窿减针，方法顺序为：1-4-1，2-1-20，前身片的袖窿减少针数为23针。详细编织图解见图2。
3.同样的方法再编织另一前身片，完成后，将两前身片的侧缝与后身片的侧缝对应缝合，袖窿与后身片、袖山袖窿对应缝合。前领连接继续编织帽子，可用防解别针锁住，领窝不加减针。

后身片制作说明：
1.后身片为一片编织，从衣摆边开始编织，往上编织至肩部。
2.起70针编织，第18行时花样减针。共编织28cm后，即61行，从第62行开始袖窿减针，方法顺序为：1-3-1，2-1-20，后身片的袖窿减少针数为23针。
3.沿衣边挑72针按图1编织装饰边。
4.完成后，将后身片的侧缝与前身片的侧片对应缝合，后领连接继续编织帽子，可用防解别针锁住。

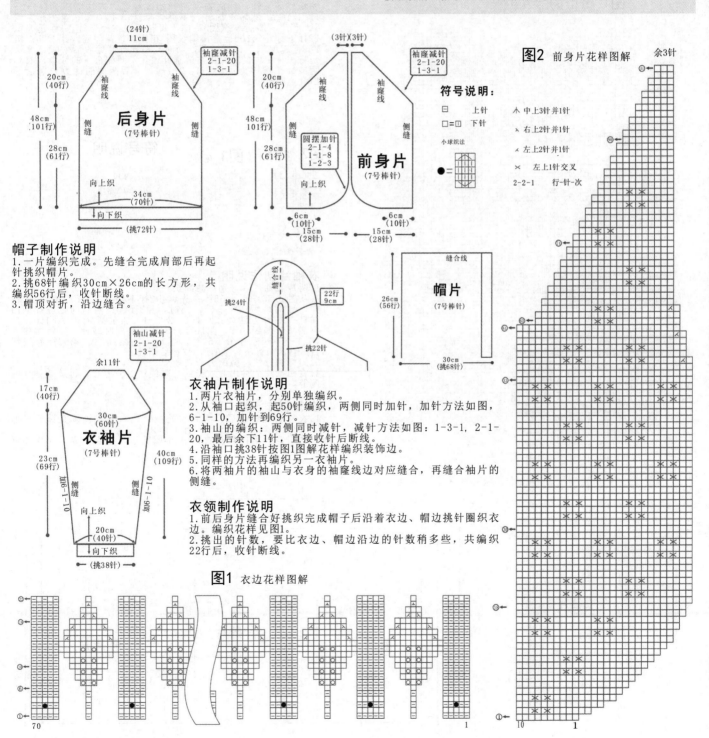

帽子制作说明
1.一片编织完成。先缝合完成肩部后再起针挑织帽片。
2.挑68针编织30cm×26cm的长方形，共编织56行后，收针断线。
3.帽顶对折，沿边缝合。

衣袖片制作说明
1.两片衣袖片，分别单独编织。
2.从袖口起织，起50针编织，两侧同时加针，加针方法如图，6-1-10，加针到69行。
3.袖山的编织：两侧同时减针，减针方法如图：1-3-1，2-1-20，最后余下11针，直接收针后断线。
4.沿袖口挑38针按图1图解花样编织装饰边。
5.同样的方法再编织另一衣袖片。
6.将两袖片的袖山与衣身的袖窿线边对应缝合，再缝合袖片的侧缝。

衣领制作说明
1.前后身片缝合好挑织完成帽子后沿着衣边、帽边挑针圈织衣边。编织花样见图1。
2.挑出的针数，要比衣边、帽边沿边的针数稍多些，共编织22行后，收针断线。

图1 衣边花样图解

符号说明：
□ 上针
□=□ 下针
● = 小球织法

∧ 中上3针并1针
\ 右上2针并1针
/ 左上2针并1针
✕ 左上1针交叉
2-2-1 行-针-次

图2 前身片花样图解

甜美长袖娃娃装

【成品规格】 衣长31cm，胸围25cm，
袖长21cm，肩宽23cm

【工　　具】 10号棒针，缝针，2.0mm钩针

【编织密度】 10cm² =29针×37行

【材　　料】 橘红色兔毛线200g

编织要点：

前身片制作说明：
1. 前身片分为2片编织，左身片和右身片各1片，从衣摆起针往上编织至肩部。
2. 起织与花样分布和后身片相同，前身片起36针，往上编织至20cm的高度后，开始减袖窿，减针方法为：1-3-1，2-1-3。继续编织到29cm，108行后开始收前衣领，方法是将织片衣领处留10针用防解别针锁住，余下的针数减针，顺序为：2-2-1，2-1-1，最后余下17针，收针断线。
3. 同样的方法再编织另一前身片，完成后，将两前身片的侧缝与后身片的侧缝对应缝合，再将两肩部对应缝合。然后对应缝合两个衣袖和衣袖侧缝。

后身片制作说明：
1. 后身片为一片编织，从衣摆起织，往上编织至肩部。
2. 起71针，编织1行下，1行上4行，1行下。第6行开始按图2花样编织。第14行编织1行下。15行先织1针下，然后编织图3花样，每花间隔7针下针。21行起编织10行下针。31行先织5针下，然后编织图3花样，每花间隔1针下针。第37行起编织12行下针。49行先织13针下，然后编织图3花样，每花间隔11针下针。第55行编织12行下针。67行先织5针下，然后编织图3花样，每花间隔11针下针。织片高度为20cm时为72行，第73行起编织12行下针，同时在两侧开始减袖窿，方法顺序为：1-2-1，2-1-3。然后不加针，不减针继续向上编织。第85行先织8针下针，然后编织图3花样，每花间隔11针下针。1行起编织12行下针。第103行直接编织图3花样，每花间隔11针下针。第109行编织至肩部，同时，在此行开始收后衣领，方法是将织片中间的21针用防解别针锁住，两侧余下的针数，衣领侧减针，顺序为：2-2-1，2-1-1，最后两侧的针数分别余下17针，收针断线。

图1 前(后)身片花样图解

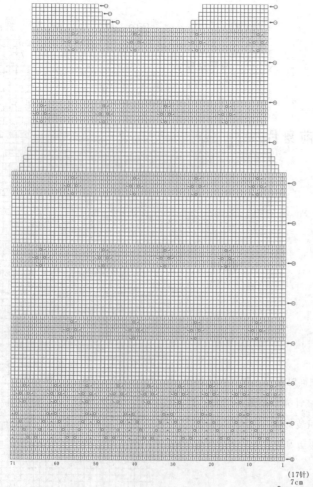

71　　　60　　　50　　　40　　　30　　　20　　　10　　　1

图2 花样1　### 图3 花样2

图4 衣领边花样

符号说明：

□ 上针
□=〓 下针
⊙ 镂空针
◹ 左上2针并1针
◺ 右上2针并1针
⊞ 中上3针并1针
2-1-3 行-针-次

衣袖片制作说明
1. 两片衣袖片，分别单独编织。
2. 从袖山起织，起55针，先编织2行下针，第3行起编织图5花样，然后编织12针下针，同时，第3行起在两侧同时进行袖山加针，加针方法为：2-1-2，2-2-1，加至第7行时为61针。后不加针编织10行，第16行开始在两侧同时减针，减针顺序为10-1-5。56行时余下51针，然后不加针编织。第63行起编织1行上针，1行下针共6行，收针后断线。
3. 同样的方法再编织另一衣袖片。
4. 将两袖片的袖山与衣身的袖窿线边对应缝合，再缝合袖片的侧缝。

衣领制作说明
1. 衣身衣袖缝合后，沿衣领处挑针，右侧衣领挑完针后另加8针，然后编织1行上针，1行下针共4行，收针。
2. 另用钩针沿门襟及衣领边钩1圈花边，整衣完成。花样图解见图4。

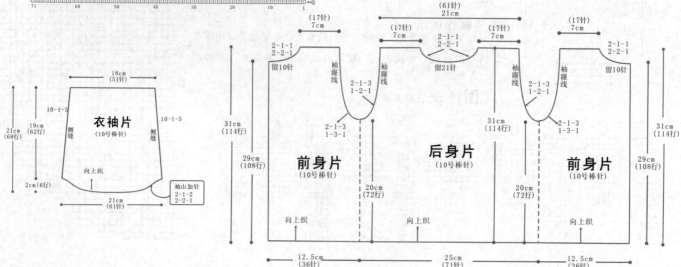

浅色毛茸茸拉链外套

【成品规格】 衣长39cm，衣宽43.5cm，袖长30cm

【工　　具】 8号环形针，8号棒针

【编织密度】 10cm²=20.5针×31行

【材　　料】 灰色兔毛线共400g，银灰色毛线150g，白色毛线少许，黑色拉链1根

编织要点：

1.衣身片袖部以下为一片编织，袖部以上分为3片编织，从衣摆起织，往上编织至肩部。

2.衣身片先用白色毛线8号环形针起178针编织8行下针，使边自然卷曲，第9行起往上换灰色兔毛线编织，全部编织下针，编织22行后，下一行从右边起针，先按花样B编织，编织至35针时两针交叉编织，编织至左边时按花样A编织花样，如花样A所示，还剩36针时两针交叉编织，左边花样与右边花样对称编织，往上编织25针，完成花样A及花样B的编织，这时左右两边形成两根斜线，两斜线为口袋边挑针之处。继续往上编织至23.5cm，即76行后，开始袖窿减针。

3.按图示用8号棒针分3片编织，按花样C换色编织，8行一花样，4行银灰色4行灰色兔毛线，往上共编织8片，即48行。先编织左右身片，袖窿减针方法顺序为：1-3-1，2-2-1，2-1-3，左右片袖窿减少针数为8针。减针后，不加减针往上编织至114行，开始前衣领减针，减针方法顺序为：1-4-1，2-4-2，编织至39cm，即124行，肩余24针，收针断线。后身片袖窿减针方法顺序为：1-3-1，2-2-1，2-1-3，后片袖窿减少针数为8针。减针后，不加减针往上编织至120行后，从织片中间留22针不织，留作编织衣领连接，可用防解别针锁住，开始衣领侧减针，减针方法顺序为2-1-2，编织至124行，两侧余下24针，收针断线。详细编织花样见花样A、花样B和花样C。

4.沿着衣领边挑针起织衣领，挑出的针数，要比沿边的针数稍多些，往上按花样D（双罗纹针）换色编织，换色方法为：6行银灰色，2行灰色兔毛线，4行银灰色，2行灰色兔毛线，4行银灰色，2行灰色兔毛，4行银灰色，2行灰色兔毛线，6行银灰色，共32行，收针断线。最后将衣领沿中间向内对折，缝合。详细编织花样见花样D。

5.沿着衣襟边及衣领边挑针起织衣襟，挑出的针数，要比沿边的针数稍多些，按花样E编织双罗纹针，编织2行后，收针断线。

6.沿左右身片花样A、B形成的斜线（见花样A、B中的虚线部位）用银灰色毛线挑16针编织，往上编织2cm，即6行后，收针断线。口袋两侧与下面编织。

7.将黑色拉链两边缝合在衣襟边内侧。

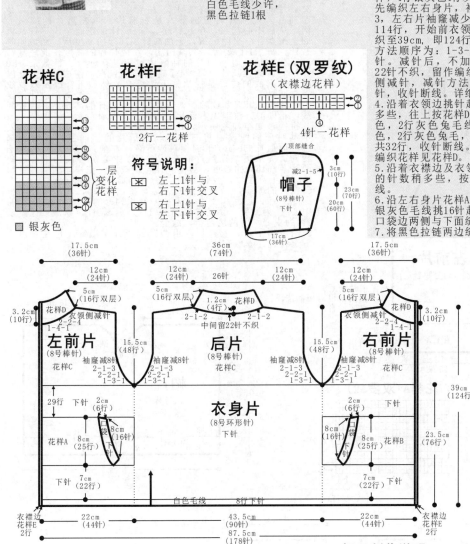

花样C

花样F
2行一花样

花样E（双罗纹）
（衣襟边花样）
4针一花样

符号说明：
⊠ 左上1针与左下1针交叉
⊠ 右上1针与左下1针交叉

□ 银灰色

一层变化花样

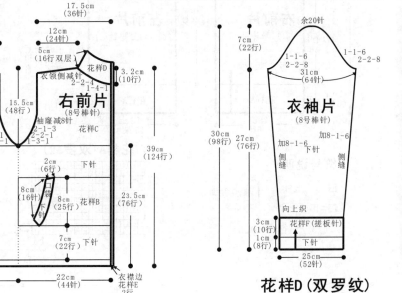

帽子
（8号棒针）
下针
17cm（36针）
20cm（60行）
23cm（70行）
顶部缝合
减2-1-5
3cm（10行）

衣身片示意图标注：
17.5cm（36针）　36cm（74针）　17.5cm（36针）
12cm（24针）　12cm（24针）　26针　12cm（24针）　12cm（24针）
5cm（16行双层）　5cm（16行双层）　5cm（16行双层）
3.2cm（10行）花样D　1.2cm（4行）花样D　花样D　3.2cm（10行）
衣领侧减针　中间留22针不织　衣领侧减针
1-4-1　2-4-2　2-1-2　2-1-2　1-4-1　2-4-2

左前片（8号棒针）花样C
后片（8号棒针）花样C
右前片（8号棒针）花样C
15.5cm（48行）　15.5cm（48行）
袖窿减8针　袖窿减8针　袖窿减8针　袖窿减8针
2-1-3　2-2-1　2-1-3　2-2-1　2-1-3　2-2-1　2-1-3　2-2-1
1-3-1　1-3-1　1-3-1　1-3-1

衣身片（8号环形针）下针

29行　2cm（6针）下针　花样A　8cm（16针）口袋　下针
花样A　8cm（25行）
口袋　8cm（16针）　2cm（6针）下针　花样B
8cm（25行）口袋

39cm（124行）
23.5cm（76行）

下针　7cm（22行）　下针　7cm（22行）　下针

白色毛线　8行下针

衣襟边花样E 2行　22cm（44针）　43.5cm（90针）　22cm（44针）　衣襟边花样E 2行
87.5cm（178针）

衣袖片（8号棒针）
余20针
7cm（22行）
1-1-6　1-1-6　2-2-8　2-2-8　31cm（64针）
30cm（98行）　27cm（76行）
加8-1-6　加8-1-6　下针
侧缝　侧缝
向上织
3cm（10行）花样F（搓板针）
1cm（8行）下针
25cm（52针）

花样A　花样B与花样A对称编织

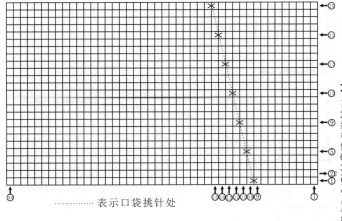

.... 表示口袋挑针处

帽子制作说明
1.帽子是另外起织，为一片编织，全部编织下针，最后顶部缝合。
2.用灰色兔毛线8号棒针起72针起织，往上不加减针编织至20cm，即60行后，开始均分为两片编织，往上减针编织，减针部位为两片均分中间地方，减针方法为2-1-5，编织至23cm，即70行后，收针断线。
3.按图示部位用缝针将顶部缝合。
4.最后用线将帽子缝在衣领边。不用全部缝合，只需缝几点部位。

衣袖片制作说明
1.两片衣袖片，分别单独编织。
2.从袖口起织，用银灰色毛线8号棒针起52针起织，编织8行下针，使边自然卷曲，往上按花样F编织10行搓板针，再往上全部编织下针，两侧同时加针编织，加针方法为8-1-6，加至64针，然后不加减针织至76行。
3.开始编织袖山，袖山的编织：从第一行起要减针编织，两侧同时减针，减针方法如图，依次：2-2-8，1-1-6，最后余下20针，直接收针后断线。
4.同样的方法再编织另一衣袖片。
5.将两袖片的袖山与衣身的袖窿线边对应缝合，再缝合袖片的侧缝。

花样D（双罗纹）
（衣领花样）

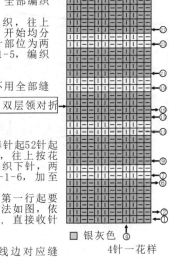

双层领对折→

□ 银灰色
4针一花样

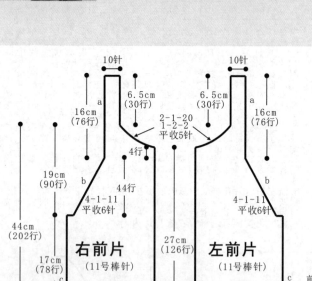

蓝色个性短装外套

【成品规格】衣长44cm, 胸宽36cm,
袖长39.5cm, 下摆宽36cm

【工　　具】11号棒针, 1.50mm钩针

【编织密度】10cm² = 31针×46.6行

【材　　料】蓝色腈纶线400g,
拉链1根

编织要点:

1.棒针编织法, 看似复杂, 其实是非常简单的一款时尚蝙蝠毛衣款式。由左前片、右前片、右后片、左后片、帽片组成。

2.先编织前片。分成左前片, 右前片单独编织。以右前片为例。双罗纹起针法, 起56针, 起织花样A双罗纹针, 无加减针织34行的高度, 然后全改织下针, 无加减针织下针共78行, 进入袖窿减针, 左边平收针6针, 然后每织4行减1针, 共减11针, 右边不减针, 织成44行, 再织4行后, 左边不减针, 右边减针织成前衣领, 先收针5针, 再织1行减2针, 减2次, 然后再织2行减1针, 减20次, 衣领织成42行, 针数余下10针, 无加减针, 编织30行的高度。不收针, 用防解别针扣住。相同的方法编织左前片, 织至最后的10针, 与右前片的10针对应缝合。

3.后片的编织。分成右后片、左后片, 右后片对应的前片是左前片, 左后片对应的前片是右前片。以左后片的编织为例, 从后中心起针, 单起针法, 起102针, 正面全织下针, 返回全织上针, 来回编织, 无加减针织76行的高度后, 两边同时减针, 每织4行减1针, 共减11针, 织成44行的高度, 此段减针行形成的边, 是与前片的袖窿边对应进行缝合。针数余下80针, 然后继续减针, 每织4行减1针, 减13次, 织成52行, 此段减针行形成的边, 是袖片腋下缝合。然后下针改织双罗纹针, 织两边的1针作缝合边针, 将针数为54针, 将52针分成13组双罗纹编织, 无加减再织62行的高度后, 收针断线。相同的方法编织右后片。将两片的起针处缝合。

4.拼接, 如结构图所示, 图中的小写字a、b、c、d、e、f、g表示其对应的线段, 将右前片与左后片的相同字母段对应缝合, 而后片的e与e, f与f相对应缝合。左前片与右后片的方法相同。完成后, 在后片的衣摆处, 以中心缝合线为中心, 向两边各选45针的宽度, 挑出90针起织双罗纹花样, 无加减针织成34行的高度后, 收针断线, 将边与前片的下摆边缝合。

5.帽片的编织, 沿着前后衣领边, 挑出116针, 起织下针, 正面织下针, 返回织上针, 无加减针织94行的高度, 将116针的中心2针为减针, 两边每织2行减1针, 共减6针, 织成12行, 以2针为中心, 将两边对折, 缝合。

6.沿着帽子边、衣襟边, 用钩针钩一行逆短针, 再在衣襟边缝上拉链。衣服完成。

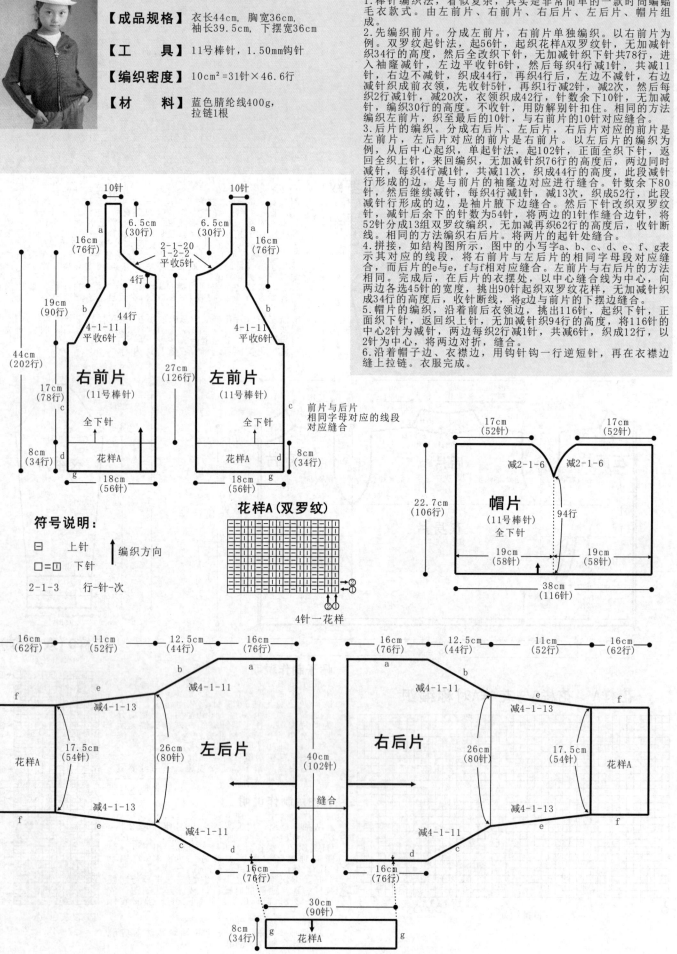

符号说明:

□　上针

□=□　下针　↑编织方向

2-1-3　行-针-次

花样A(双罗纹)

4针一花样

前片与后片
相同字母对应的线段
对应缝合

撞色连帽开衫

【成品规格】衣长40cm，衣宽33cm，袖长36cm

【工　　具】9号环形针，9号棒针

【编织密度】10cm² =29针×31.5行

【材　　料】土黄色粗羊毛线共500g，红色、黑色毛线各少许，拉链1根

编织要点：

1. 衣身片袖部以下为一片编织，袖部以上分为3片编织，从衣摆起织，往上编织至肩部。

2. 衣身片用土黄色粗羊毛线9号环形针起166针按花样D（双罗纹针）起织，编织4行，换黑色毛线编织2行，换红色毛线编织2行，换回土黄色毛线编织2行，换黑色毛线编织2行，换红色毛线编织2行，共14行，完成衣摆的编织。第15行换回土黄色毛线编织，从右前片起，编织花样为：右前片编织3针下针，按花样C编织13针的绞花花样，按花样B编织24针的花样，后片86针按花样A编织8组花样（少2针上针），左前片按花样B编织24针花样，按花样C编织13针的绞花花样，右前片编织3针下针。一直往上不加减针编织至24cm，即76行后，开始袖窿减针。

3. 开始按图示用9号棒针分3片编织，先编织左右身片，袖窿减针方法顺序为：1-4-1，2-2-1，2-1-4，左右片袖窿减少针数为10针。减针后，不加减针往上织至40cm，即126行，从织片作为领部的地方留14针不织，留作编织衣领连接，可用防解别针锁住，余下肩部的针数16针，收针断线。后身片袖窿减针方法顺序为：1-4-1，2-2-1，2-1-4，后片袖窿减少针数为10针。减针后，不加减针往上织至122行后，从织片中间留30针不织，留作编织衣领连接，可用防解别针锁住，开始衣领侧减针，减针方法顺序为2-1-2，编织至126行，两侧余下16针，收针断线。详细编织花样见花样A、花样B和花样C。

4. 衣襟边的编织方法见帽子制作说明。（因为衣襟边同帽边一起编织）

符号说明：

符号	说明
▱▱▱	右上3针与左下3针交叉
□	上针
□=□	下针
▱▱▱	左上3针与右下3针交叉
2-1-3	行-针-次

帽子制作说明

1. 帽子是在前后身片缝合好后的前提下起织的。

2. 前领片预留的针数花样不变，后衣片预留的针数6针下针织法不变，2针上针织成搓衣板针，也就是按花样B编织，后领片两侧各挑6针，挑的针也按花样B编织，均匀分布花样，共70针，不加减针编织，编织22cm的高度，即68行后，开始分为两片编织，往上减针编织，减针方法为2-1-7，编织至26cm，即84行后，收针断线。

3. 按图示部位用缝针将顶部缝合。

4. 帽子边与衣襟边一起编织，用红色毛线沿着帽子边及衣襟边挑针起织，挑出的针数，要比帽子边及衣襟边的针数稍多些，然后按花样E（双罗纹针）起织，编织2行，换黑色毛线编织2行，最后换土黄色毛线编织2行后，收针断线。详细编织花样见花样E。

5. 最后将拉链缝在左右衣襟边内侧，注意不是缝在衣襟上，衣襟边的作用是正好将拉链部位挡住。

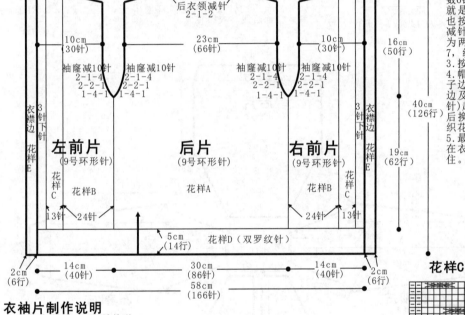

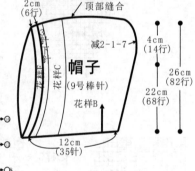

花样C

帽子（9号棒针）

2cm（6行）　顶部缝合

减2-1-7

4cm（14行）

26cm（82行）

22cm（68行）

12cm（35针）

花样B

一层绞花花样

衣袖片制作说明

1. 两片衣袖片，分别单独编织。

2. 从袖口起织，用土黄色粗羊毛线9号环形针起36针按花样D（双罗纹针）起织，编织4行，换黑色毛线编织2行，换红色毛线编织2行，换回土黄色毛线编织2行，换黑色毛线编织2行，换红色毛线编织2行，共14行，完成袖边的编织。往上换回土黄色毛线编织，袖片中间13针按花样C绞花花样编织，两边按花样B花样均匀分布编织，两侧同时加针编织，加针方法为7-1-12，加至84行，然后不加减针织至88行。

3. 开始编织袖山，袖山的编织：从第一行就要减针编织，两侧同时减针，减针方法如图，依次：1-4-1，2-1-8，1-1-5，最后余下26针，直接收针后断线。

4. 同样的方法再编织另一衣袖片。

5. 将两袖片的袖山与衣身的袖窿线边对应缝合，再缝合袖片的侧缝。

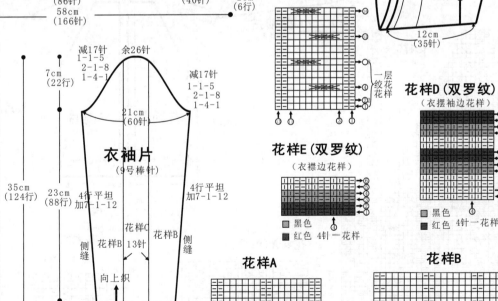

衣袖片（9号棒针）

减17针　余26针
1-1-5
2-1-8
1-4-1

减17针
1-1-5
2-1-8
1-4-1

21cm（60针）

7cm（22行）

35cm（124行）

23cm（88行）

4行平坦加7-1-12

4行平坦加7-1-12

花样C 13针

花样B　侧缝

侧缝

向上织

5cm（14行）

花样D

6cm（36针）

花样E（双罗纹）

（衣襟边花样）

■ 黑色
■ 红色　4针一花样

花样D（双罗纹）

（衣摆袖边花样）

花样A

一组花样

花样B

一组花样

两粒扣开衫

【成品规格】 衣长42cm，胸宽38cm，
　　　　　　　袖长38cm，下摆宽47cm

【工　　具】 8号棒针

【编织密度】 10cm²＝25.5针×24行

【材　　料】 灰色特粗腈纶线500g，
　　　　　　　大扣子2颗

编织要点：

1.棒针编织法，由前片2片、后片1片、袖片2片组成。前片和后片是从下往上织，袖片是从上往下织。

2.前片的编织。由右前片和左前片组成，以右前片为例。
(1)起针，单罗纹起针法，起41针，编织花样A单罗纹针，不加减针，织16行的高度。
(2)袖窿以下的编织。第17行起，分散加5针，针数加成46针，依照花样C分配好花样，并按照花样C的图解一行行往上编织，织成34行的高度，至袖窿。此时衣身共织成50行。
(3)袖窿以上的编织。第51行时，左侧收针6针，右侧不加减针，往上编织，每织2行减1针，共减18次，袖窿以上织成36行，针数余下18针，不收针，用防解别针扣住不织。
(4)相同的方法，相反的方向去编织左前片。
(5)将前片的侧缝与后片的侧缝进行缝合。

3.后片的编织。单罗纹起针法，起70针，编织花样A单罗纹针，不加减针，织16行的高度。然后第19行分散加14针，总针数加成84针，分配成花样B双桂花针，不加减针往上编织成34行的高度，至袖窿，然后袖窿起减针，方法与前片相同。每织2行减1针，减18次，织成36行的高度，余下36针，不收针，用防解别针扣住不织。进入袖片的编织。

4.袖片的编织。袖片从领口起织，单罗纹起针法，起6针，两边两针与前片和后片的袖窿边的2针进行连接，然后依照花样D分配花样边挑织，两边2行挑1针，共挑18次，织成36行后，将前后片的袖窿收起的6针(前后片一共12针)挑起编织，进入环织。以腋下中间的2针作减针所在列，先不加减针织14行后，开始减针，每织6行减1针，减4次，织成38行的袖身，至袖口，下一行分散减掉10针，余下34针，编织花样A单罗纹针，织16行后收针断线。相同的方法去编织另一袖片。

5.领片的编织，将用防解别针扣住的针挑到棒针上，将袖片的起针6针用棒针挑出，除了门襟的12针继续编织花样A单罗纹针外，余下的针数全织花样B双桂花针，不加减针织16行的高度后收针断线。衣服完成。

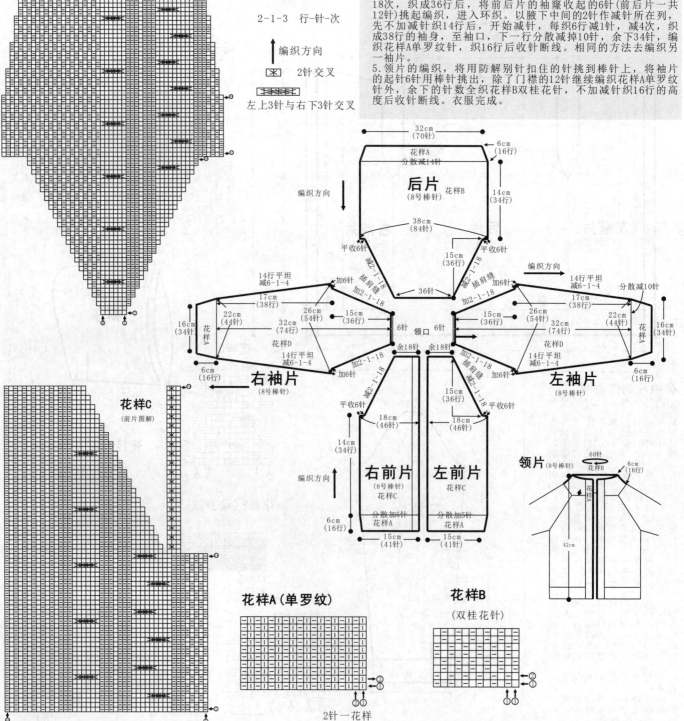

连帽拉链男生外套

【成品规格】衣长42cm，胸围102cm，肩宽27cm，袖长33cm

【工　　具】9号棒针

【编织密度】10cm² =22针×27行

【材　　料】白色羊毛线600g

编织要点：
后身片制作说明：
1.后身片衣摆起92针，分散加针至112针，继续向上编织50行。
2.第51行开始袖隆减针，减针方法如图示：1-4-1，2-1-6。
3.第109行，开始后衣领减针，中间平收50针，两边减针为1-2-1，平织2行。
4.织至112行，肩部余21针，收针断线。
前身片制作说明：
1.前身片衣摆起46针按图1编织14行，分散加针至56针，继续向上编织50行。
2.第51行开始袖隆减针，减针方法如图示：1-4-1，2-1-6。
3.第109行，开始前衣领减针，减针方法：1-10-1，1-5-3。
4.织至112行，肩部余21针，收针断线。

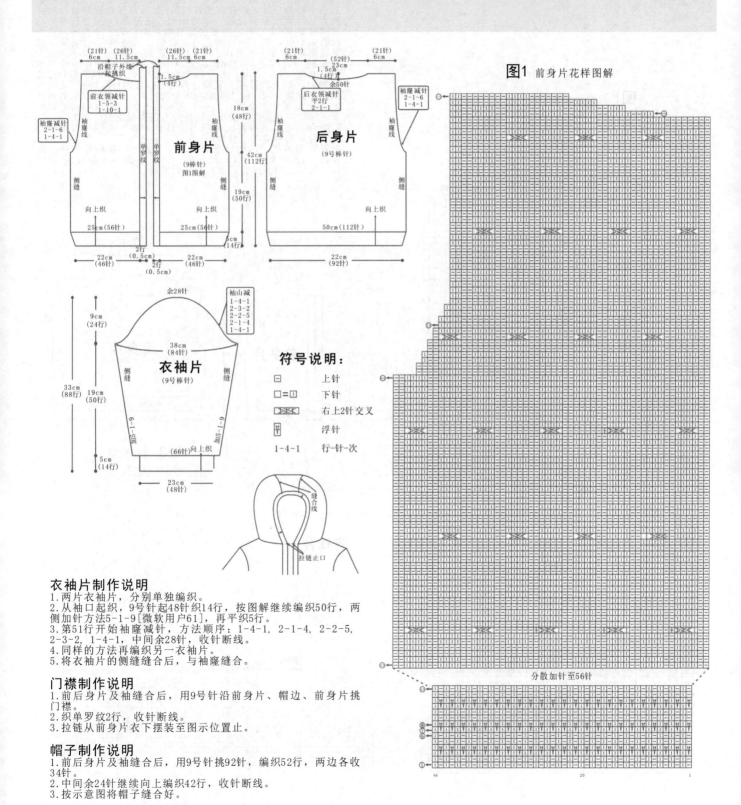

图1 前身片花样图解

符号说明：

符号	说明
□	上针
□=①	下针
右上2针交叉	右上2针交叉
浮针	浮针
1-4-1	行-针-次

衣袖片制作说明
1.两片衣袖片，分别单独编织。
2.从袖口起织，9号针起48针织14行，按图解继续编织50行，两侧加针方法5-1-9[微软用户61]，再平织5行。
3.第51行开始袖隆减针，方法顺序：1-4-1，2-1-4，2-2-5，2-3-2，1-4-1，中间余28针，收针断线。
4.同样的方法再编织另一衣袖片。
5.将衣袖片的侧缝缝合后，与袖隆缝合。

门襟制作说明
1.前后身片及袖缝合后，用9号针沿前身片、帽边、前身片挑门襟。
2.织单罗纹2行，收针断线。
3.拉链从前身片衣下摆装至图示位置止。

帽子制作说明
1.前后身片及袖缝合后，用9号针挑92针，编织52行，两边各收34针。
2.中间余24针继续向上编织42行，收针断线。
3.按示意图将帽子缝合好。

舒适灰色外套

【成品规格】身长47.5cm，肩宽37cm，袖长36cm

【工　　具】7号及9号环形针

【材　　料】单股灰黑色兔毛线400g，牛角扣8颗

编织要点：

1.棒针编织法，分为前身片2片、后身片1片、衣袖2片编织，另编织2片袋沿。

2.先编织后身片，衣摆用9号环形针编织，起86针起织单罗纹花样，共织12行，后13行开始用7号环形针编织至肩部，两侧无加减针编织至68行，从69行开始，两侧同时减针织袖窿边，减针方法为：1-6-1，2-1-5，将织片的针数减至64针继续编织，织至100行，第101行时，从中间取8针不织，向两边减针织后衣领边，减针方法为：1-4-1，1-3-1，2-2-1，2-1-1，最后针数余下18针作肩部，直接收针断线。

3.编织前身片，前身片分为2片，以右前片为例，起47针起织单罗纹花样，用9号环形针编织，共织12行，从13行开始，用7号环形针编织，花样针数参照图1，从右边算起7针织单罗纹针，织至衣领边，无加减针，左侧，无加减针织至68行，从69开始行减针织袖窿边，减针方法为：1-6-1，2-1-5，最后减下针数36针，继续编织至96行，然后从右边算起取10针不织，向左减针，减针方法为：2-2-3，2-1-2，减至最后余下针数18针，织片至108行，最后直接收针断线。同样的方法再编织左前身片，详细编织方法见图1。另左前身片的衣襟要制作6个扣眼，扣眼的宽度与牛角扣的大小相等，在当行收起数针，在下一行重起这些针数。另外编织2片袋沿，图解见图3，缝合于前身片的42行的位置上。

4.衣袖片的编织，起36针起织单罗纹花样，用9号环形针编织，共织12行，从第13行开始平均加10针，将针数加至46行往上编织，织至22行时，从23开始每10行加1针，两侧同时加减，将针数加52针继续编织，织至72行后，两侧开始同时减针织袖山，减针方法为：1-6-1，2-2-1，2-1-3，1-1-7，最后余下16针，直接收针断线。同样的方法再编织另一衣袖片。

5.缝合，将前后身片的侧缝对应缝合，将两衣袖片的袖山与前后身片的袖窿对应缝合。

6.衣领的编织，沿着缝合好的衣身衣领边，挑针起织中罗纹花样，1圈针数为64针，往返编织，花样图解见图2，共织16行，最后按单罗纹收针法直接收针断线。

图1 前身片花样图解

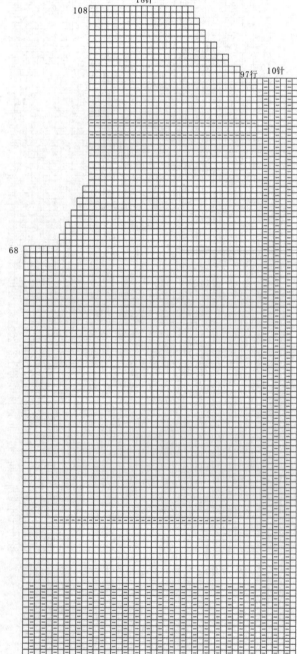

18针

108

97行　10针

68

图3 袋沿图解

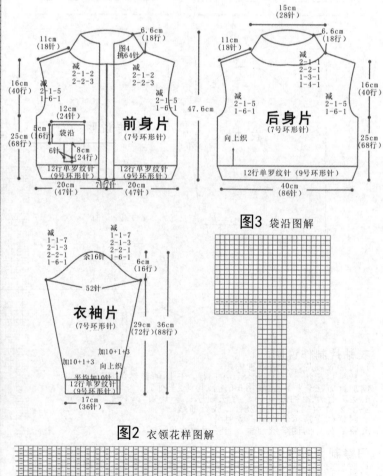

图2 衣领花样图解

64

136

灯笼袖可爱毛衣

【成品规格】衣长35cm，胸围62cm，袖长22cm

【工　　具】8号棒针

【编织密度】10cm² =17针×26.5行

【材　　料】黄色兔毛线400g

编织要点：

前(后)身片制作说明：

1.前后身片编织方法相同，同为一片编织，从衣摆起织，往上编织至领部。

2.衣服先编织后身片，起79针编织1行下针，第2行开始按图1编织花样，中间15针为棒绞花样，两边为镂空花样，其中小球的编织方法为1针加至5针，来回编织5行下针，最后5针并为1针，形成小球；同时减针顺序两侧减针，方法顺序为：4-1-20，2-1-6，一直编织至35cm，即93行，领部余27针，可以收针，亦可以留作编织衣领连接，可用防解别针锁住。完成后身片的编织，详解见图1。

3.同样的方法编织前身片。

4.完成后，将前身片的侧缝与后身片的侧缝对应缝合，侧缝的高度为20cm，即53行。

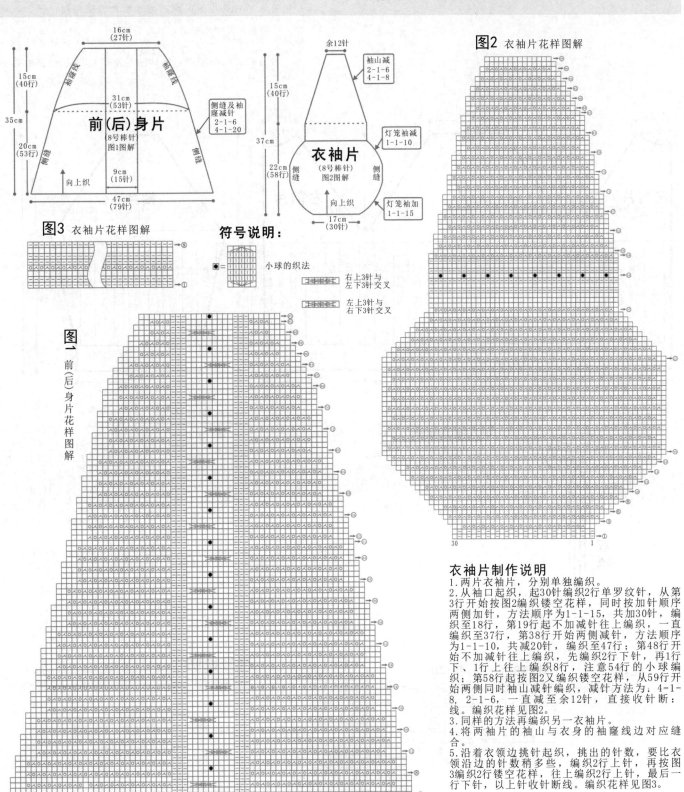

图3 衣袖片花样图解

符号说明：

⬛ = 小球的织法

右上3针与左下3针交叉

左上3针与右下3针交叉

图1 前(后)身片花样图解

16cm（27针）

15cm（40行）　相缡线

31cm（53针）

35cm

前(后)身片

8号棒针
图1图解

侧缝及袖隆减针
2-1-6
4-1-20

20cm（53行）　侧缝

9cm（15针）

向上织

47cm（79针）

余12针

袖山减
2-1-6
4-1-8

15cm（40行）

37cm

衣袖片

(8号棒针)
图2图解

灯笼袖减
1-1-10

灯笼袖加
1-1-15

22cm（58行）　侧缝

向上织

17cm（30针）

图2 衣袖片花样图解

衣袖片制作说明

1.两片衣袖片，分别单独编织。

2.从袖口起织，起30针编织2行单罗纹针，从第3行开始按图2编织镂空花样，同时按加针顺序两侧加针，方法顺序为1-1-15，共加30针，编织至18行，第19行起不加减针往上编织，一直编织至37行，第38行开始两侧减针，方法顺序为1-1-10，共减20针，编织至47行；第48行开始不加减针往上编织，先编织2行下针，再1行下，1行上往上编织8行，注意54行的小球编织；第58行起按图2又编织镂空花样，从59行开始两侧同时袖山减针编织，减针方法为：4-1-8，2-1-6，一直减至余12针，直接收针断线。编织花样见图2。

3.同样的方法再编织另一衣袖片。

4.将两袖片的袖山与衣身的袖隆线边对应缝合。

5.沿着衣领边挑针起织，挑出的针数，要比衣领沿边的针数稍多些，编织2行上针，再按图3编织2行镂空花样，往上编织2行上针，最后一行下针，以上针收针断线。编织花样见图3。

绿色拉链长袖衫

【成品规格】 衣长38cm,宽33cm,肩连袖长37cm

【工　　具】 12号棒针

【编织密度】 10cm² =25.5针×40行

【材　　料】 绿色棉线400g

编织要点:

1.棒针编织法,袖窿以下一片编织完成,袖窿起分为左前片、右前片、后片来编织。织片较大,可采用环形针编织。

2.起织,下针起针法,起168针起织,起织花样A,共织16行,第17行起将织片分配花样,由花样B与花样C间隔组成,如结构图所示,分配好花样针数后,重复花样往上编织,织至80行,改为全部编织花样D,织至88行,从第89行起将织片分开,分为右前片、左前片和后片,右前片与左前片各取42针,后片取84针编织。先编织后片,而右前片与左前片的针眼用防解别针锁住,暂时不织。

3.分配后身片的针数到棒针上,用12号针编织花样B,起织时两侧需要同时减针织成插肩,减针方法为:1-3-1,4-2-13,两侧针数各减少29针,共织60行,余下26针,用防解别针扣住,留待编织衣领。

4.左前片与右前片的编织,两者编织方法相同,但方向相反,以右前片为例,右前片的右侧是衣襟边,起织时不加减针,左侧要减针织成插肩,减针方法为:1-3-1,4-2-13,针数减少29针,织至52行,第53行起,右侧减针织成前衣领,减针方法为1-6-1,2-2-3,将针数减少12针,余下1针,留待编织衣领。右前片的编织顺序与减针法与左前片相同,但是方向不同。

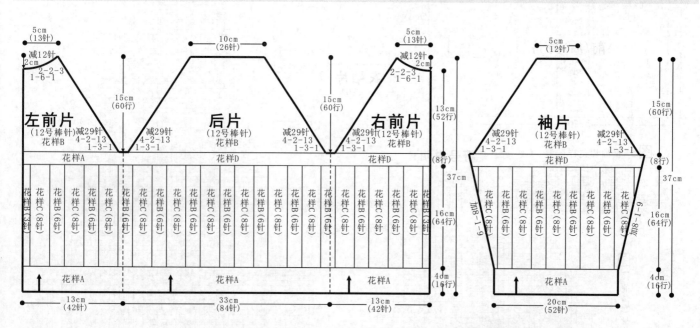

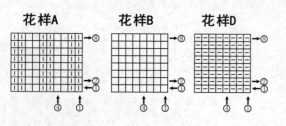

领片制作说明

1.棒针编织法,往返编织。

2.编织衣领,沿着前后衣领边挑针编织,织花样A,共织10行的高度,用下针收针法,收针断线。

3.沿衣襟两侧缝好拉链。

袖片制作说明

1.棒针编织法,一片编织完成。

2.起织,起52针,起织花样A,织16行,第17行起将织片分配花样,由花样B与花样C间隔组成,如结构图所示,分配好花样针数后,重复花样往上编织,一边织一边两侧加针,方法为8-1-9,共加18针,织至88行,织片全部改为花样D编织,织至88行,从第89行起,两侧需要同时减针织成插肩,减针方法为:1-3-1,4-2-13,两侧针数各减少29针,织至148行,余下12针,用防解别针扣住,留待编织衣领。

3.同样的方法再编织另一袖片。

4.缝合方法:将袖片的插肩缝对应前后片的插肩缝,用线缝合,再将两袖侧缝对应缝合。

花样A

花样B

花样D

花样C

符号说明:

□ 　　上针

□=Ⅰ　　下针

左上3针与右下3针交叉

2-1-3 　行-针-次

138

斑马连体装

【成品规格】 衣长69cm，胸围34cm，袖长21cm

【工　　具】 10号棒针，环形针，缝衣针

【编织密度】 10cm² =21针×24行

【材　　料】 配色羊绒线共300g

编织要点：

1. 裤片分为2片编织，左右各1片，从裤角起单罗纹针编织，往上编织至裆部。
2. 起47针单罗纹针编织一侧裤片，然后加8针，从第15行起配色编织，方法顺序为：6-1-2，4-1-9，共编织17cm后，即63行收针断线。可用防解别针锁住。
3. 同样的方法再编织另一裤片，完成后，将两裤片的一侧对接合并，形成单片身片。
4. 单片连接编织右前片、后片、左前片，往上编织36cm后，即126行，从第127行开始两侧袖窿减针，方法顺序为：1-3-1，2-1-20，袖窿每侧减少针数为23针。减针编织至肩部。织至第164行时，开始前衣领减针，减针方法顺序为：1-5-1，1-1-2，最后余下9针，共167行。详细编织见图解。
5. 完成后，将两衣片袖山线与衣片袖窿线对应缝合。挑织衣领、门襟边、裤裆边。
6. 最后在一侧裤裆边缝扣子。不缝扣子的一侧，要制作相应数目的扣眼，扣眼的编织方法为：在当行收起数针，在下一行重起这些针数，这些针数两侧正常编织。

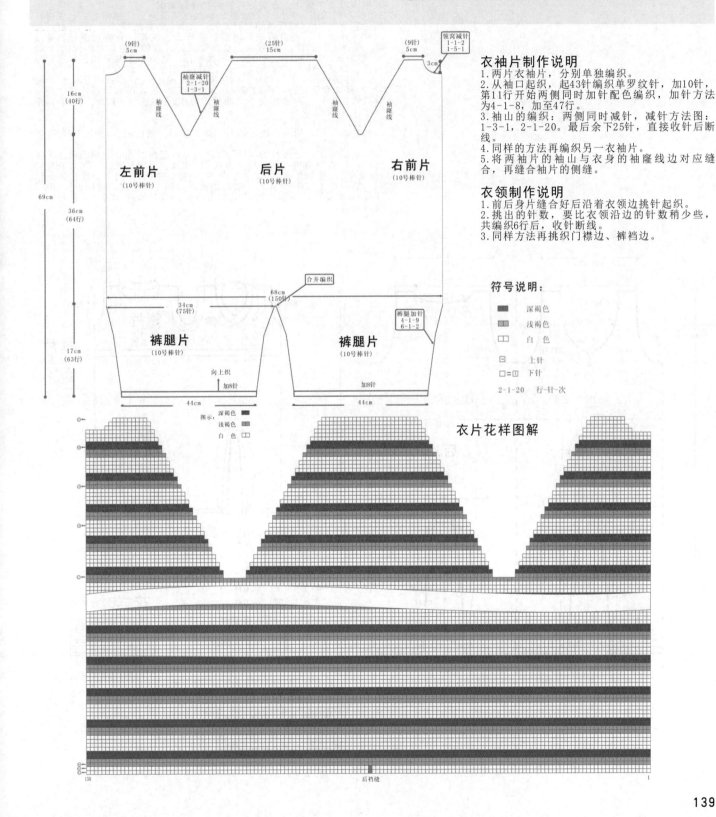

衣袖片制作说明

1. 两片衣袖片，分别单独编织。
2. 从袖口起织，起43针编织单罗纹针，加10针，第11行开始两侧同时加针配色编织，加针方法为4-1-8，加至47行。
3. 袖山的编织：两侧同时减针，减针方法图：1-3-1，2-1-20。最后余下25针，直接收针后断线。
4. 同样的方法再编织另一衣袖片。
5. 将两袖片的袖山与衣身的袖窿线边对应缝合，再缝合袖片的侧缝。

衣领制作说明

1. 前后身片缝合好后沿着衣领边挑针起织。
2. 挑出的针数，要比衣领沿边的针数稍少些，共编织6行后，收针断线。
3. 同样方法再挑织门襟边、裤裆边。

符号说明：

- ▓ 深褐色
- ▤ 浅褐色
- □ 白色
- ⊡ 上针
- □=⊡ 下针
- 2-1-20 行-针-次

帅气背心连体裤

【成品规格】 衣长76cm，胸宽33cm，肩宽20cm

【工　　具】 10号棒针

【编织密度】 10cm² =27针×38行

【材　　料】 枣红色腈纶线400g，灰色线50g，彩色扣子7枚

编织要点：

前片、后片制作说明：

1.棒针编织法，这款是连身衣，由裤管口起织，往上编织，织成2只裤管，然后连接起来织，再从袖窿起分成前片和后片各自编织。

2.裤管的编织。由2只裤管形成。各自单独编织，织法相同。

(1)起针，用灰色线起针，下针起针法，起64针，来回编织，即片织。然后不加减针织8行的高度。

(2)改用枣红色线编织下针，不加减针织7行，再依照花样A进行灰色线与枣红色线的配色图案编织，不加减针，织7行。此时织片成22行。下一行起，全织下针，全用枣红色线编织。两边从下往上，每织14行加1针，共加5次，然后每织2行加1针，加3次，织成98行的裤管，暂停编织。同样的方法去编织另一只裤管。

(3)连接。将一只裤管向前加出9针，连接上另一只裤管，编织一行后，再向前加9针，接上第一只裤管起织处，这样一圈的针数一共为178针，进行环织。

3.裤身的编织。完成连接后，进行裤身的环织，不加减针，用枣红色线编织下针，织96行后，织7行的花样A配色图案，下一行再改用枣红色线继续编织下针，织26行的高度后，完成袖窿以下的编织。

4.袖窿以上的编织。分成前片和后片各自编织。

(1)前片的编织。将一半的针数，即89针挑出到另一棒针上。起织时，两边各平收7针，然后两边进行减针，先织4行，各减掉2针。第5行时，将织片分成两半，各自编织，内侧边进行衣领减针，外侧边进行袖窿减针，每织4行减2针，再减3次完成袖窿减针。衣领部分，将中间的1针收掉，然后每织2行减1针，减19次，织成38行，然后不加减针再织16行，至肩部，余下10针，收针断线。相同的方法织另一半的前片。

(2)后片的编织。后片89针，两边同时收针7针，然后每织4行减2针，减4次，针数余下59针，不加减针再织38行，进入后衣领减针，中间的针数收掉35针，两边相反方向减针，每织2行减1针，减2次，至肩部余下10针，收针断线。

5.拼接，将前后片的肩部对应缝合。

6.袖片的编织，用灰色线，沿着袖窿线挑针，挑128针，编织花样B双罗纹针，不加减针织9行的高度后，收针断线。

7.领片的编织，把前片的V收掉的1针挑出，起织衣领，衣领的两边各挑50针，后衣领边挑42针，用灰色线织，编织花样B双罗针，在前衣领的V点处的1针进行并针，每2行将3针并为1针，中间1针向上。前后各自编织。后门襟要制作7个扣眼。裤裆边挑针，用枣红色线，挑150针，编织花样B双罗纹针，不加减针织9行的高度后，收针断线。缝上多色扣子。衣服完成。

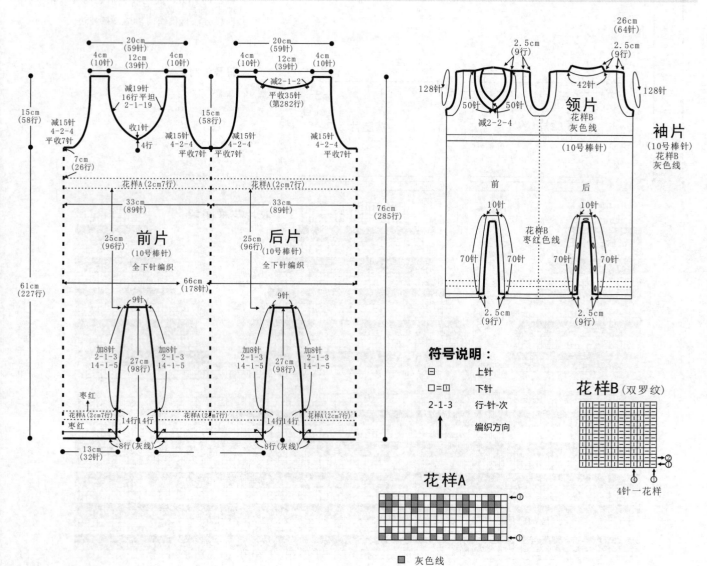

符号说明：

符号	说明
曰	上针
□=曰	下针
2-1-3	行-针-次
↑	编织方向

花样B(双罗纹)

4针一花样

花样A

■ 灰色线

双排扣淑女装

【成品规格】衣长54cm，胸围34cm，袖长22cm，肩宽30cm

【工　　具】10号棒针

【编织密度】10cm² =28针×22行

【材　　料】6股32支白色纯棉线加一股银丝线，扣子6颗

编织要点：

前片编织方法：
起针58针，织1组花样A后平针编织到第90行，按图C收针至42针编织68行。左右片方向相反。

后片编织方法：
起针100针织1组花样A后平针编织到第90行，按图收针编织完后片。

袖子编织方法：
从袖庄起针26针按图加至48针后左右各收4针至40针编织花样B36行后完成。

领子编织方法：
从后领挑针编织14行后，加挑前领编织16行后收针，在前领角处每2行收1针成斜角。

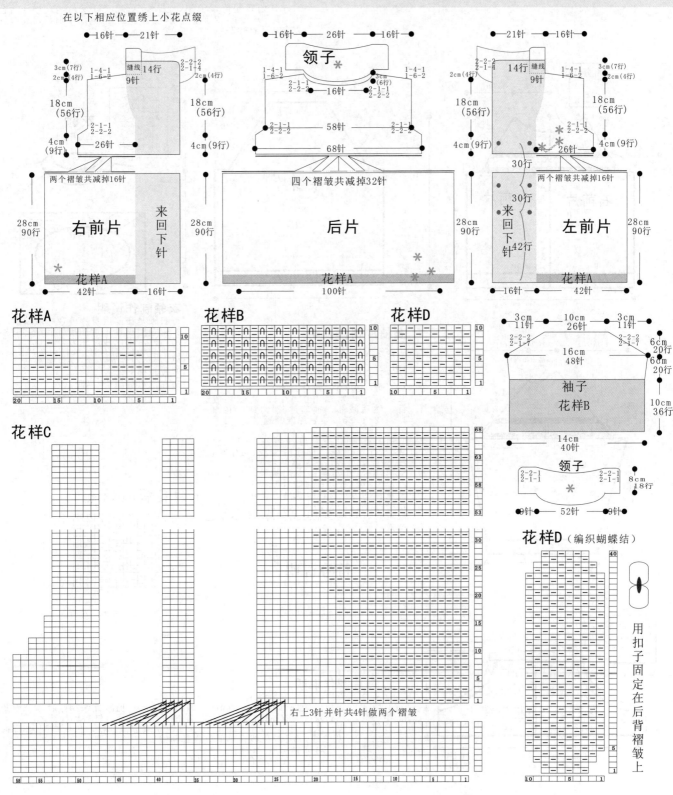

在以下相应位置绣上小花点缀

花样A

花样B

花样D

花样C

右上3针并针共4针做两个褶皱

花样D（编织蝴蝶结）

用扣子固定在后背褶皱上

运动型男孩装

【成品规格】 衣长40cm, 胸围66cm, 袖长40cm

【工　　具】 12号棒针

【编织密度】 10cm²=27针×40行

【材　　料】 毛线650g, 拉链1条

编织要点:

前身片制作说明:
1. 前身片分为2片编织, 左身片和右身片各1片。
2. 前身片用灰色线起46针, 编织16行双罗纹, 从17行开始全下针编织, 不加减针编织至24cm, 96行后, 开始插肩减针, 方法是腋下平收5针, 斜肩处留2针边针做筋, 从筋内侧减针, 顺序为2-1-25, 减少针数为25针。第97行开始搭配色线编织, 2行绿色线, 2行灰色线, 14行白色线, 2行灰色线, 2行绿色线, 然后灰色线编织至肩部。
3. 第138行开始减领窝, 方法顺序为: 平8针, 2-3-1, 2-2-1, 2-1-1, 146行完成, 收针断线。
4. 同样的方法对称编织另一前身片, 完成后, 将两前身片的侧缝与后身片的侧缝对应缝合。

后身片制作说明:
1. 后身片一片编织, 用灰色线起92针, 编织16行双罗纹。
2. 第17行开始全下针编织, 不加减针编织至24cm, 96行后, 开始插肩减针, 方法是腋下平收5针, 斜肩处留2针边针做筋, 从筋内侧减针, 顺序为: 4-1-5, 2-1-21, 减少针数为26针。第97行开始搭配色线编织, 2行绿色线, 2行灰色线, 14行白色线, 2行灰色线, 2行绿色线, 然后灰色线编织至肩部。剩余针数为30针收针断线。

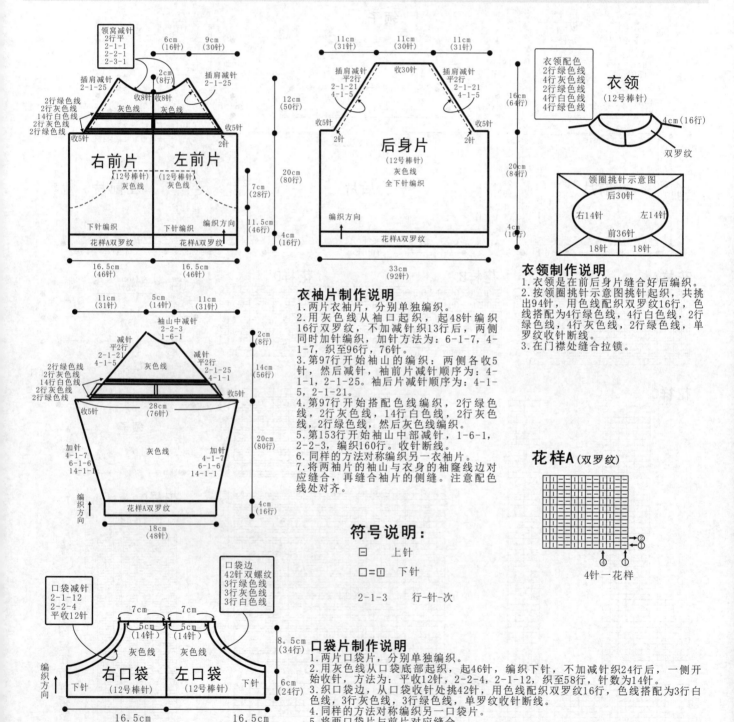

衣袖片制作说明
1. 两片衣袖片, 分别单独编织。
2. 用灰色线从袖口起织, 起48针编织16行双罗纹, 不加减针织13后, 两侧同时加针, 加针方法为: 6-1-7, 4-1-7, 织至96行, 76针。
3. 第97行开始袖山的编织: 两侧各收5针, 然后减针, 袖前片减针顺序为: 4-1-1, 2-1-25。袖后片减针顺序为: 4-1-5, 2-1-21。
4. 第97行开始搭配色线编织, 2行绿色线, 2行灰色线, 14行白色线, 2行灰色线, 2行绿色线, 然后灰色线编织。
5. 第153行开始袖山中部减针, 1-6-1, 2-2-3, 编织160行。收针断线。
6. 同样的方法对称编织另一衣袖片。
7. 将两袖片的袖山与衣身的袖窿线边对应缝合, 再缝合袖片的侧缝。注意配色线处对齐。

衣领制作说明
1. 衣领是在前后身片缝合好后编织。
2. 按领圈挑针示意图挑针起织, 共挑出94针, 用色线配织双罗纹16行, 色线搭配为4行绿色线, 4行白色线, 2行绿色线, 4行灰色线, 2行绿色线, 单罗纹收针断线。
3. 在门襟处缝合拉锁。

符号说明:

□　　上针

□=□　下针

2-1-3　行-针-次

口袋片制作说明
1. 两片口袋片, 分别单独编织。
2. 用灰色线从口袋底部起织, 起46针, 编织下针, 不加减针织24cm后, 一侧开始收针, 方法为: 平收12针, 2-2-4, 2-1-12, 织至58行, 针数为14针。
3. 口袋边, 从口袋收针处挑42针, 用色线配织双罗纹16行, 色线搭配为3行白色线, 3行灰色线, 3行绿色线, 单罗纹收针断线。
4. 同样的方法对称编织另一口袋片。
5. 将两口袋片与前片对应缝合。

阳光男孩装

【成品规格】 衣长46cm，胸宽36cm，肩宽18cm，袖长42cm，下摆宽26cm

【工　具】 10号棒针，10号环形针，1.50mm钩针

【编织密度】 10cm²＝20针×24行

【材　料】 灰色兔毛线350g，红色兔毛线100g

编织要点：

1.棒针编织法，从衣领起，从上往下编织，用10号针编织。

2.起针，下针起针法，起98针。来回编织。

3.起织领胸片，从衣领的起针处，分配各片的针数，从左前片至右前片，依次是，左前片14针，左袖片20针，后片30针，右袖片20针，右前片20针，右前片与右袖片之间的最边的2针，作插肩缝，同理，每片之间的2针都作插肩缝，在这2针两边，进行加针编织。每织4行，两边各加成2针，一圈加成16针。左前片与右前片加针各加20针，领胸片织成40行。

4.衣身分片。衣身分成左前片、右前片、后片，以及两袖片。左前片和右前片各选34针，后片选70针，两袖片各54针。先起左前片的34针，然后用单起针法，起8针，接后片织70针，再起8针，接上右前片编织34针。然后无加减针编织30行，进行配色编织，先用红色红线织4行下针，再用灰色线编织4行下针，然后重复1次，再用红色线织4行下针，最后用灰色线织2行下针。花a全程编织11.5层的高度，完成衣身的编织，最后继续用灰色线编织衣摆，花样编织花样B双罗纹，共织18行的高度，收针断线。

5.袖片的编织。袖片54针，从左织至左时，将衣身所加的8针全挑织出来，袖片针数为62针，环织，无加减针织8行的高度后，再每织4行，腋下两边各减1针，共减12次，袖身织成96行高度，但在用灰色线织成32行后，开始进入配色编织，先用红色线织4行下针，再用灰色线织4行下针，重复3次，共织成24行配色，在最后一行时，分散减针减6针，针数余下32针，分成8组双罗纹针编织，无加减针织14行的高度后，收针断线。同样的方法编织另一袖片。

6.帽片的编织。沿着衣领边，挑针起织，针数为98针，为衣领起针处的针数，衣襟边的5针花b照织，其他针数全织下针，无加减针织44行后，选中间的2针作减针，两边每织2行减1针，共减5次，帽顶的针数余下88针，分成两半，对折缝合。帽子完成。

7.最后沿着帽檐和衣襟边、衣摆边，用红色线，钩织1行逆短针。在袖口也用红色线钩织1圈逆短针。

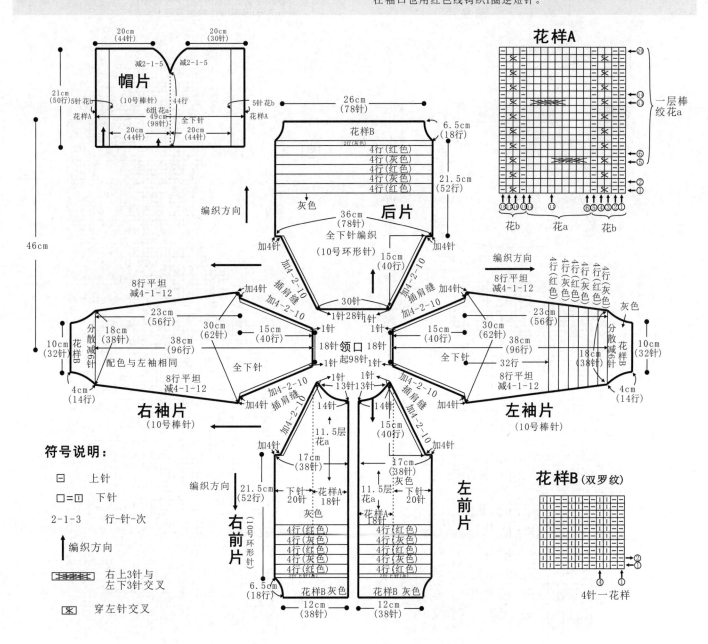

符号说明：

□　上针

□＝□　下针

2-1-3　行-针-次

↑　编织方向

右上3针与左下3针交叉

穿左针交叉

143

毛茸茸淑女小外套

【成品规格】 身长45cm，肩宽28.5cm，袖长25cm

【工　　具】 8号环形针

【材　　料】 单股灰色兔毛线400g，大纽扣2颗

编织要点：

1.棒针编织法，分为前身片2片、后身片1片编织，衣袖两片编织，衣领一片编织。

2.先编织后身片，起83针，不加减针织68行，在中间取20针收缩成皱褶，这20针的两侧2针连接编织，继续向上不加减针编织6行后，向两侧减针织两个袖窿，减针方法为：1-4-1，2-1-2，继续向上织至110行，中间取10针不织，向两侧减针织后衣领，减针方法为：1-3-1，1-2-1，2-1-1，减至最后剩余14针作肩部，直接收针断线。

3.编织前身片，前身片分为2片编织，起46针起织花样，一侧取32针织与后身片相同的花样，一侧取14针织上下针交替针法，即1行织上针，1行织下针。14针数由始至终不改变。32针针数有变化，不加减针织至68行时，从中间与10针收缩成皱褶，10针两侧连接继续向上编织，织6行后，于一侧减针织袖窿，减针方法与后身片相同，减至14针后，不加减针织至114行，最后肩部余下28针，直接收针断线。详细编织方法见图1。同样的方法再编织另一前身片，左前身片的衣襟要制作两个扣眼，扣眼的织法为：在当行收起数针，在下一行重起这些针数即可。

4.衣袖的编织，衣袖分为两部分编织，一部分为袖身与袖山，一部分为袖口上针元宝针，两者编织方向相反，先编织袖身部分，起20针编织下针，两侧同时加针织袖身，每5行加1针，共加3次，织至20行时，开始减针织袖山，袖山的减针方法为：1-4-1，2-1-8，最后余下22针，收针断线。再织袖口部分，沿着袖身起针处，挑20针起织上针元宝针，共织64行，无加减针，最后直接收针断线。同样的编织方法再编织另一衣袖片。

5.缝合，前身片取14针与后身片对应缝合，前后身片的侧缝对应缝合，将两衣袖片的袖山与衣身的袖窿对应缝合，袖侧缝缝合。衣身对应的另一前身片缝上两个纽扣。

6.衣领的编织，起23针织上下针交替花样，往返编织，即正面与反面都织下针，织30行后，收针断线。将之沿前后衣领边缝合，前衣领在内部10行的位置缝合。

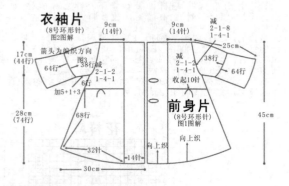

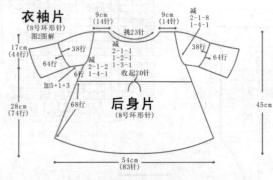

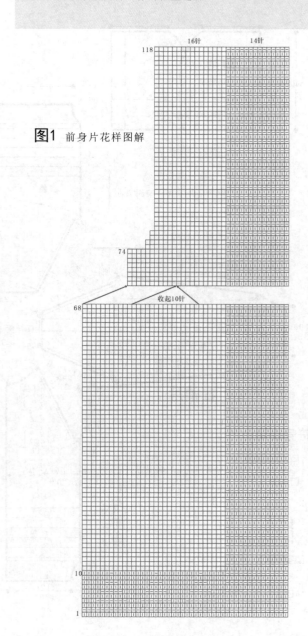

图1 前身片花样图解

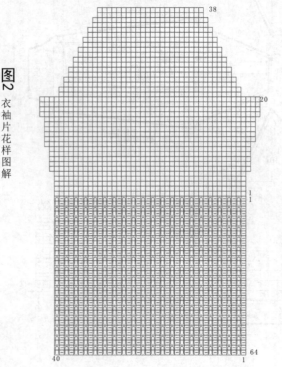

图2 衣袖片花样图解

方格花纹小外套

【成品规格】 衣长45cm，胸围74cm，肩宽28cm，袖长45cm

【工　　具】 10号棒针

【编织密度】 10cm² =26针×29行

【材　　料】 白色兔毛线400g，扣子5颗

编织要点：

前身片制作说明：
1. 前身片衣摆起49针编织12行单罗纹，继续向上编织68行。
2. 第81行开始袖窿减针，减针方法如图示：1-5-1，2-1-7。
3. 第108行，开始前衣领减针，减针方法：1-7-1，2-3-1，2-2-5，平4行。
4. 织至123行，肩部余17针，收针断线。

后身片制作说明：
1. 后身片衣摆起97针编织12行单罗纹，继续向上编织68行。
2. 第81行开始袖窿减针，减针方法如图示：1-5-1，2-1-7。
3. 第108行，开始后衣领减针，中间平收37针，两边减针为1-2-1，平织2行。
4. 织至123行，肩部余17针，收针断线。

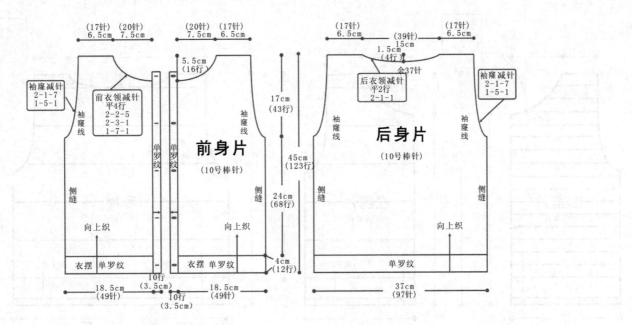

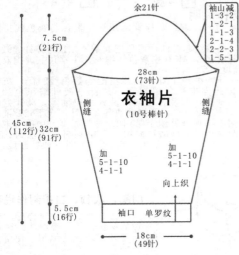

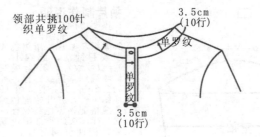

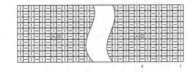

图1 门襟花样图解

衣袖片制作说明
1. 两片衣袖片，分别单独编织。
2. 从袖口起织，起49针织16行单罗纹，继续编织91行，两侧各加针方法：4-1-1，5-1-10，平织5行。
3. 第108行开始袖窿减针，方法顺序：1-5-1，2-2-3，2-1-4，1-1-3，1-2-1，1-3-2，中间余21针，收针断线。
4. 同样的方法再编织另一衣袖片。
5. 将衣袖片的侧缝缝合后，与袖窿缝合。

衣领制作说明
1. 前后身片及袖缝合后，沿领线挑100针织衣领。
2. 织单罗纹10行，收针断线。

门襟制作说明
1. 前后身片、袖缝合及领部挑织结束后，挑织门襟。
2. 织单罗纹10行，收针断线。
3. 右前片门襟在相应位置留出扣眼，左前片门襟上缝扣子。

符号说明：

符号	说明	符号	说明
曰	上针	囚	右上2针并1针
口=Ⅱ	下针	囚	左上2针并1针
回	镂空针	1-5-1	行-针-次

145

帅气横纹外套

【成品规格】 衣长37cm，衣宽35cm，
肩宽28cm，袖长28cm

【工　　具】 12号棒针

【编织密度】 10cm² ＝27针×40行

【材　　料】 绒线共600g
（灰色300g，
黑色300g）

编织要点：
1. 前身片为两片编织，棒针编织法，黑色，灰线搭配编织。
2. 编织左前片，单罗纹起针法，黑色线起织，用12号棒针起46针，编织双罗纹4行，第5行换灰色线编织，下摆边共编织双罗纹4.5cm高度18行。
3. 第19行开始编织下针，色线搭配为黑色线24行，灰色线24行，按此类推配色编织。不加针不减针编织至20cm，80行后织袖窿，在织片右边收出袖窿，减针方法为平收4针，然后2-1-6，共减10针，往上编织至第120行时收领窝，在织片左边收5针，然后减针：2-3-1，2-2-1，2-1-8，最后肩部各余下18针，收针断线。
4. 右前片结构与左前片对称，色线搭配不同。单罗纹起针法，黑色线起织，用12号棒针起46针，编织双罗纹4行，第5行换灰色线编织，下摆边共编织双罗纹4.5cm高度18行。第19行开始编织下针，色线搭配为黑色线12行，灰色线12行，按此类推配色编织。不加针不减针编织至20cm，80行后织袖窿，在织片左边收出袖窿，减针方法为平收4针，然后2-1-6，共减10针，往上编织至第120行时收领窝，在织片右边收5针，然后减针：2-3-1，2-2-1，2-1-8，最后肩部各余下18针，收针断线。
5. 前片与后片的两肩部及侧缝对应缝合。

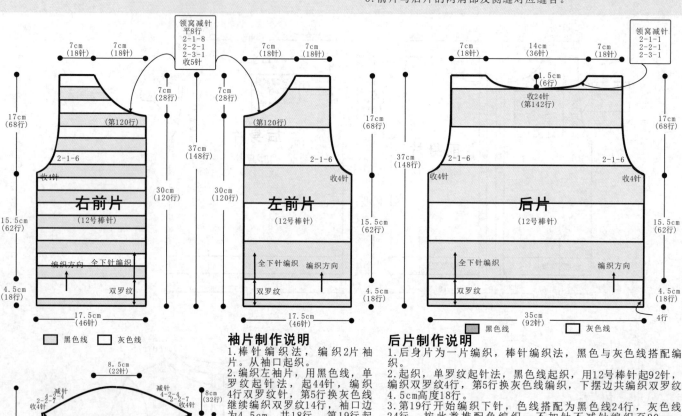

□ 黑色线　□ 灰色线

袖片制作说明

1. 棒针编织法，编织2片袖片。从袖口起织。
2. 编织左袖片，用黑色线，单罗纹起针法，起44针，编织4行双罗纹针，第5行换灰色线继续编织双罗纹14行，袖口边为4.5cm，共18行。第19行换织下针，并开始配色编织，色线搭配为黑色线24行，灰色线24行，按此类推配色编织。袖片的两侧同时加针，加4-1-15，两侧的针数各增加15针。织片织到74针，共80行。接着编织袖山，袖山减针编织，两侧同时减针，方法为平收4针，然后2-2-7，4-2-4，两侧各减少26针，最后织余下22针，收针断线。
3. 右袖片与左袖片结构相同，用黑色线，单罗纹起针法，起44针，编织4行双罗纹，第5行换灰色线继续编织双罗纹14行，袖口边为4.5cm，共18行。第19行起换织下针，并开始配色编织，色线搭配为黑色线12行，灰色线12行，按此类推配色编织。袖片的两侧同时加针，加4-1-15，两侧的针数各增加15针。织片织到74针，共80行。接着编织袖山，袖山减针编织，两侧同时减针，方法为平收4针，然后2-2-7，4-2-4，两侧各减少26针，最后袖片余下22针，收针断线。
4. 缝合方法：将袖山对应前片与后片的袖窿线，用线缝合，再将两袖侧缝对应缝合。

后片制作说明

1. 后身片为一片编织，棒针编织法，黑色与灰色线搭配编织。
2. 起织，单罗纹起针法，黑色线起织，用12号棒针起92针，编织双罗纹4行，第5行换灰色线编织，下摆边共编织双罗纹4.5cm高度18行。
3. 第19行开始编织下针，色线搭配为黑色线24行，灰色线24行，按此类推配色编织。不加针不减针编织至20cm，80行后织袖窿，两侧需要同时减针织成袖窿，减针方法为平收4针，然后2-1-6，两侧针数各减10针，余下52针继续编织，两侧不再加减织至第142行时收领窝，中间选取24针收针，两端相反方向减针编织，各减少6针，方法为：2-3-1，2-2-1，2-1-1，最后肩部各余下18针，收针断线。
4. 前片与后片的两肩部及侧缝对应缝合。

门襟、衣领、口袋制作说明

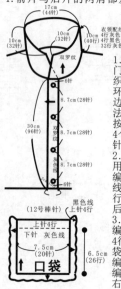

1. 编织门襟，前后身片缝合后，进行门襟边的编织，棒针编织法，往返编织。全部使用灰色线编织。使用12号环形针编织，分别沿着左右前片门襟边挑针96针，编织双罗纹法，在左前片编织到第5行时，按图示每间隔28针开扣孔，共开4个，门襟边共编织10行，单罗纹收针。
2. 编织衣领，门襟完成后编织衣领，用灰色线沿领窝挑针，共挑108针，编织双罗纹法，编织第33行时换黑色线编织4行，第37行换灰色线编织4行。衣领编织10cm的高度40行，然后单罗纹收针断线。
3. 编织口袋，用灰色线下针起20针，编织下针26行，第27行开始编织上针4行，单罗纹收针。另用黑色线沿口袋织片的左右及底边挑80针，全上针编织6行，上针收针断线。同样方法编织另一口袋，口袋完成后缝合在左右前片上。

怀旧偏襟毛衣

【成品规格】 衣宽38cm，衣长33cm
袖长20cm

【工　　具】 6号棒针

【编织密度】 10cm²＝13.3针×20.4行

【材　　料】 红色棒针钱250g，
花色毛线50g，纽扣5颗

编织要点：
1.前身片为两片编织，从下往上，一直编织至肩部。
2.前身片先编织左身片，先用花色毛线6号棒针起36针起织，往上按花样A编织搓板针，编织7cm，即16行后，衣襟边6针继续用花色毛线按花样A编织，其余30针换红色棒针线往上编织下针，编织至20cm，即44行后，开始袖隆减针，减针方法顺序为：1-2-1，2-1-2，减完针后，剩30针，不加减往上编织，编织至62行时，衣襟边6针不织，可以收针，亦可以留作编织衣领连接，可用防解别针锁住，余下的针数，衣领侧减针，方法为：1-9-1，2-2-3，最后两侧的针数余下11针，收针断线。
3.编织右身片，先用花色毛线6号棒针起16针起织，往上编织搓板针，编织7cm，即16行后，衣襟边6针继续用花色毛线编织，其余10针换红色棒针线往上编织下针，编织至20cm，即44行后，开始袖隆减针，减针方法顺序为：1-2-1，2-1-2，减完针后，剩12针，不加减往上编织，一直编织至70行后，收针断线。
4.将两前身片的侧缝与后身片的侧缝对应缝合，再将两肩部对应缝合。

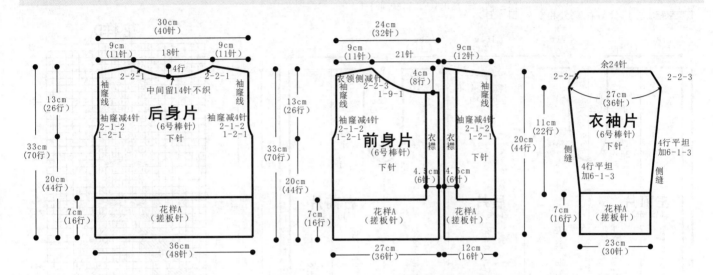

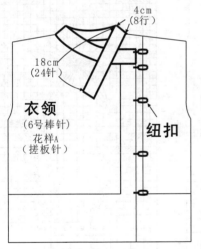

符号说明：

□	上针
□＝┼	下针
2-1-3	行-针-次

后身片制作说明

1.后身片为一片编织，从下往上，一直编织至肩部。
2.先用花色毛线6号棒针起48针起织，往上编织搓板针，编织7cm，即16行后，换红色棒针线往上编织下针，编织至20cm，即44行后，开始袖隆减针，减针方法顺序为：1-2-1，2-1-2，减完针后，剩40针，不加减针往上编织，编织至66行时，从织片的中间留14针不织，可以收针，亦可以留作编织衣领连接，可用防解别针锁住，两侧余下的针数，衣领侧减针，方法为2-2-1，最后两侧的针数余下11针，收针断线。

衣袖片制作说明

1.两片衣袖片，分别单独编织。
2.先用花色毛线6号棒针起30针起织，往上编织搓板针，编织7cm，即16行后，换红色棒针线往上编织下针，两侧加针方法顺序为：6-1-3，编织18行后，共36针，不加减针编织4行，开始袖山减针。
3.袖山的编织：两侧同时减针，减针方法如图2-2-3，最后余下24针，直接收针后断线。
4.同样的方法再编织另一衣袖片。
5.将两袖片的袖山与衣身的袖隆线边对应缝合，再缝合袖片的侧缝。

衣领及扣眼制作说明

1.用花色毛线沿着衣领边挑针起织衣领，挑出的针数，要比沿边的针数稍多些，从左前片挑起，挑完后片时，再往前加24针，起织，往上编织搓板针，编织8行的高度后，收针断线。
2.如图所示，在右前片相应部位缝上5颗纽扣，在左前片与纽扣相对应的衣襟沿做扣眼。扣眼的制作方法:用红色棒针线先用剪刀剪下5根长度一样的线，长度比扣子的长度长3.5倍，将5根线围成圈，将线圈在左前片与纽扣对子的衣襟边缘插入，两头的线拉出同样的长度，打个结，系紧。

美丽公主衣

【成品规格】衣长40cm，宽32cm，
肩宽28cm，袖长25cm
【工　　具】11号棒针，11号环形针
【编织密度】10cm²=20针×26.5行
【材　　料】花白色棉线500g，
金黄色长绒毛线50g

编织要点：

1. 棒针编织法，袖窿以下一片编织而成。袖窿起分为前片、后片来编织。织片较大，可采用环形针编织。
2. 起织，双罗纹针起针法起122针起织，先织10行花样A，第11行起开始编织花样A、B、C、D组合编织，组合方式及顺序见结构图，分配好花样后，重复往上编织至78行，第79行起，将织片分片，分成左前片、右前片和后片分别编织，左右前片各取29针，后片取64针编织。
3. 分配后身片的针数到棒针上，用12号针编织，起织时两侧需要同时减针织成袖窿，减针方法为：1-3-1、2-1-3，两侧针数各减少6针，余下52针继续编织，两侧不再加减针，织至102行，第103起，中间留取28针不织，用防解别针锁住，留待编织帽子。两领衣领减针，方法为2-1-2，各减2针，最后两肩部各留10针，收针断线。
4. 编织左前片，起织时右侧需要减针织成袖窿，减针方法为：1-3-1，2-1-3，右侧针数减少6针，余下23针继续编织，两侧不再加减针，织至106行，将右侧10针收针，余下的针数用防解别针锁住，留待编织帽子。
5. 相同的方法相反方向编织右前片。完成后将前片与后片的两肩部对应缝合。

符号说明：

符号	说明
⟩⟩⟨⟨	左上2针与右下2针相交叉
⟩⟨	2针相交叉，左边1针在上
⟨⟩⟩⟨	右上2针与左下2针相交叉
⟨⟩	2针相交叉，右边1针在上
⟩⟩⟩⟨⟨⟨	左上3针与右下3针相交叉
⟨ = ⟩	1针挑出5针，再5针收1针

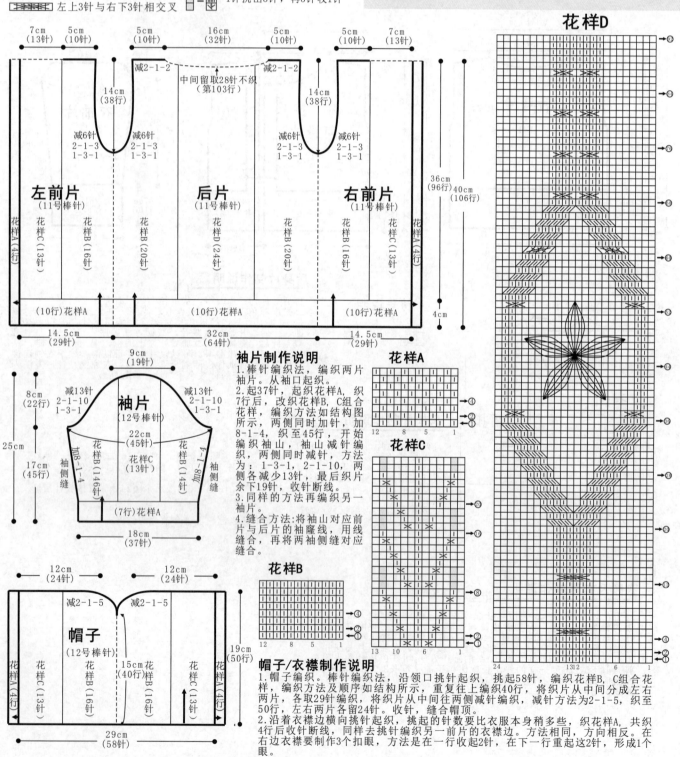

袖片制作说明

1. 棒针编织法，编织两片袖片。从袖口起织。
2. 起37针，起织花样A，织7行后，改织花样B，C组合花样，编织方法如结构图所示，两侧同时加针，加8-1-4，织至45行，开始编织袖山，袖山减针编织，两侧同时减针，方法为：1-3-1，2-1-10，两侧各减少13针，最后织片余下19针，收针断线。
3. 同样的方法再编织另一袖片。
4. 缝合方法：将袖山对应前片与后片的袖窿线，用线缝合，再将两袖侧缝对应缝合。

帽子/衣襟制作说明

1. 帽子编织。棒针编织法，沿领口挑针起织，挑起58针，编织花样B，C组合花样，编织方法及顺序如结构所示，重复往上编织40行，将织片从中间分成左右两片，各取29针编织，两侧同时减针编织，减针方法为2-1-5，织至50行，左右两片各留24针。收针，缝合帽顶。
2. 沿着衣襟边横向挑针起织，挑起的针数要比衣服本身稍多些，织花样A，共织4行后收针断线，同样去挑针编织另一前片的衣襟边。方法相同，方向相反。在右边衣襟要制作3个扣眼，方法是在一行收起2针，在下一行重起这2针，形成1个眼。

花样D
花样A
花样C
花样B

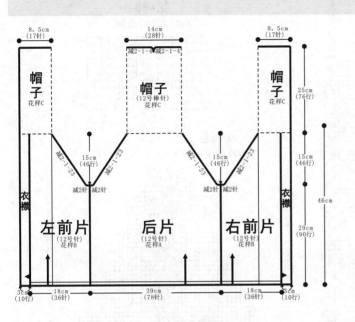

优雅淑女装

【成品规格】 衣长46cm，半胸围39cm，插肩连袖长44cm

【工　　具】 12号棒针

【编织密度】 10cm² =20针×30.5行

【材　　料】 浅蓝色棉线共600g

编织要点：

1.棒针编织法，衣服分为左前片、右前片和后片分别编织而成。

2.起织后片，单罗纹针起针法起78针，详细编织图解见花样A，编织至90行后，第91行起，两侧各收针2针然后开始插肩减针，方法为2-1-23，两侧各减25针，共织136行，余下28针用防解别针锁住留待编织帽子。

3.起织右前片，右前片的右侧为衣襟侧，单罗纹针起针法起36针，详细编织图解见花样B，编织至90行后，第91行起，左侧收针2针，然后开始插肩减针，方法为2-1-23，共减25针，共织136行，余下11针用防解别针锁住留待编织帽子。

4.相同方法相反方向编织右前片，完成后将左右前片分别与后片的侧缝缝合，肩缝缝合。

5.编织帽子。沿领口挑针起织，挑起62针，详细编织图解见花样D，织68行后，将织片从中间分开成左右两片分别编织，中间减针，减2-1-4，织至76行收针，将帽顶缝合。

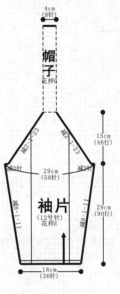

花样B
（右前片编织图解）

花样C
（帽子编织图解）

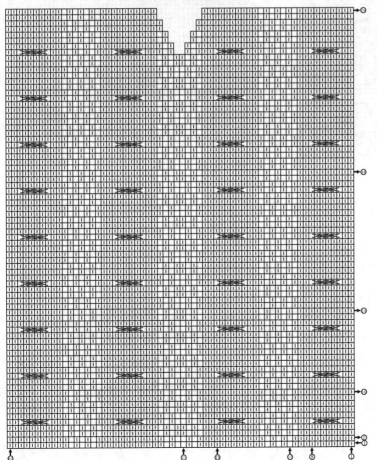

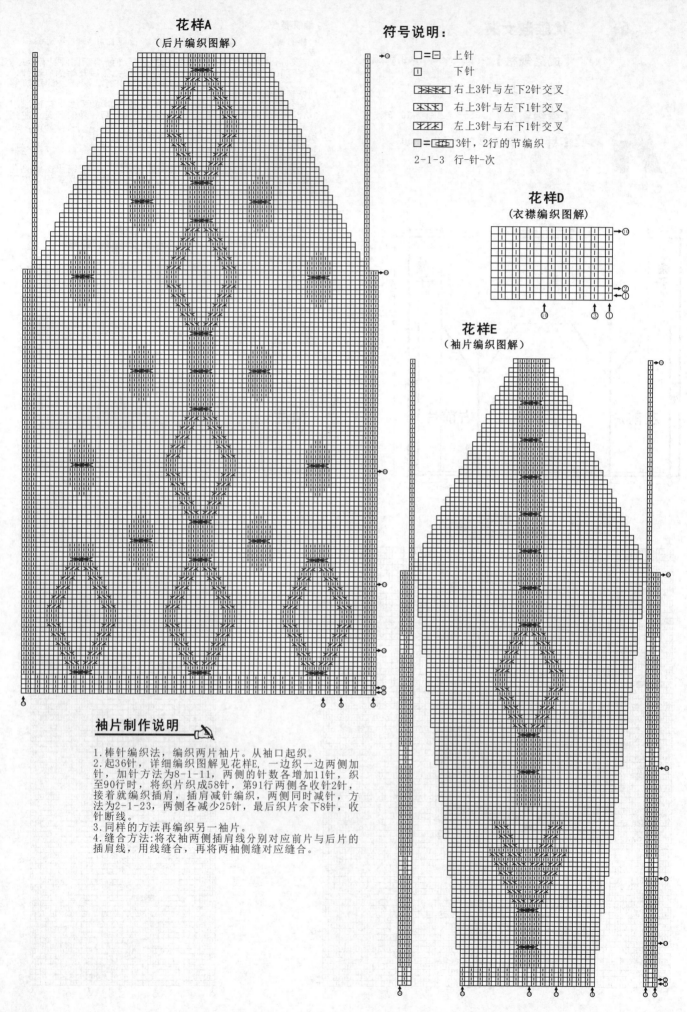

花样A
（后片编织图解）

符号说明：

□=□ 上针

□ 下针

▨▨▨▨ 右上3针与左下2针交叉

▨▨▨ 右上3针与左下1针交叉

▨▨▨ 左上3针与右下1针交叉

□=▨▨▨ 3针，2行的节编织

2-1-3 行-针-次

花样D
（衣襟编织图解）

花样E
（袖片编织图解）

袖片制作说明

1. 棒针编织法，编织两片袖片。从袖口起织。
2. 起36针，详细编织图解见花样E，一边织一边两侧加针，加针方法为8-1-11，两侧的针数各增加11针，织至90行时，将织片织成58针，第91行两侧各收针2针，接着就编织插肩，插肩减针编织，两侧同时减针，方法为2-1-23，两侧各减少25针，最后织片余下8针，收针断线。
3. 同样的方法再编织另一袖片。
4. 缝合方法:将衣袖两侧插肩线分别对应前片与后片的插肩线，用线缝合，再将两袖侧缝对应缝合。

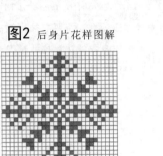

扭花纹连帽外套

【成品规格】 身长62cm，衣宽45cm，袖长46cm

【工　　具】 8号环形针

【材　　料】 单股灰黑色兔毛线500g，
金属扣5颗，
白色毛绒少许

编织要点：

1.棒针编织法，分为前身片2片、后身片1片、衣袖2片编织，帽子1片。

2.先编织后身片，起80针编织双罗纹针，共织12行，第13行平均加针15针将针数加至95针编织花样，两侧不加减针编织至62行，从63行开始，两侧同时减针织后衣片的袖窿，减针方法为：1-10-1，2-1-3，将针数减至69针编织，编织至87行时，从中间取17针，平均编织3个棒绞样，然后织完88行，再从中间算起17针不织，向两侧同时减针织后衣领，减针方法为：2-2-2，2-1-1。将两侧的针数减至21行，然后直接收针断线。

3.编织前身片，前身片分为两片编织，以右前身片为例，起36针起织双罗纹花样，共织12行，第13行平均加针4针，将针数加至40针继续编织，按图1所示的花样针数和行数编织，衣襟侧无加减针，侧缝不加减针织至62行，从63行开始减针织袖窿边，减针方法为：1-4-1，2-1-5，将针数减至31针继续编织，编织至96行，从袖窿侧算起取21直接收针断线。余下的10针用作编织帽子，同样的方法再编织左前身片，详细编织方法见图1。另外编织2片口袋，口袋的大小与前身片的花样相同。

4.衣袖片的编织，起36针起织双罗纹花样，用8号环形针编织，共织12行，从第13行开始平均加针7针，将针数加至43行往上编织，编织6行后，两侧同时加针，加针方法为6+1+6，将针数加至57，行数织至54行，从55行开始，两侧同时减针织袖山边，减针方法为：1-4-1，2-2-2，2-1-6，最后余下针数为29针，直接收针断线。

5.缝合，将前后身片的侧缝对应缝合，将两衣袖片的袖山与前后身片的袖窿对应缝合。

6.衣帽的编织，沿着缝合好的衣领边，挑针编织衣帽，共挑84针编织，花样按照图3的方法编织，共织50行，最后收针断线。再将帽片从中间对折，将两条边对折缝合。

7.最后沿着帽檐和衣襟，挑针织6行双罗纹，收针断线。另右前身片的衣襟要编织5个扣眼，织法为在当行收起数针，在下一行重起这些针数。在扣眼的对侧衣襟，对应缝上5颗纽扣。

图2 后身片花样图解

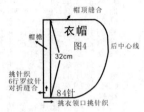

衣帽
图4

帽顶缝合
帽檐
后中心线
32cm
挑针织
6行罗纹针
对折缝合
84针
挑衣领口挑针织

符号说明：

□ = □ 下针
□ 上针
■ 白色毛线
左上3针与右下3针交叉

图1 前身片花样图解
31针
96
62
12
1　　36

前身片
（8号环形针）
12cm（21针）　向上织帽子　12cm（21针）
22cm（34行）
减 2-1-3 1-10-1
62cm
40cm（62行）
21cm（40针）
6行6针
平均加4针
12行双罗纹针
起针36针

后身片
（8号环形针）
12cm（21针）　　12cm（21针）
减 2-1-1 2-2-2
22cm（34行）
向上织
45cm（95针）
40cm（62行）
平均加15针
12行双罗纹针
起针80针
减 2-1-5 1-4-1

衣袖片
（8号环形针）
减 2-1-6 2-2-2 1-4-1
余29针
57针
10cm（18行）
34cm（54行）　46cm（72行）
加6+1+6
向上织
17cm（36针）
平均加7针
12行双罗纹针

图3 帽子图解

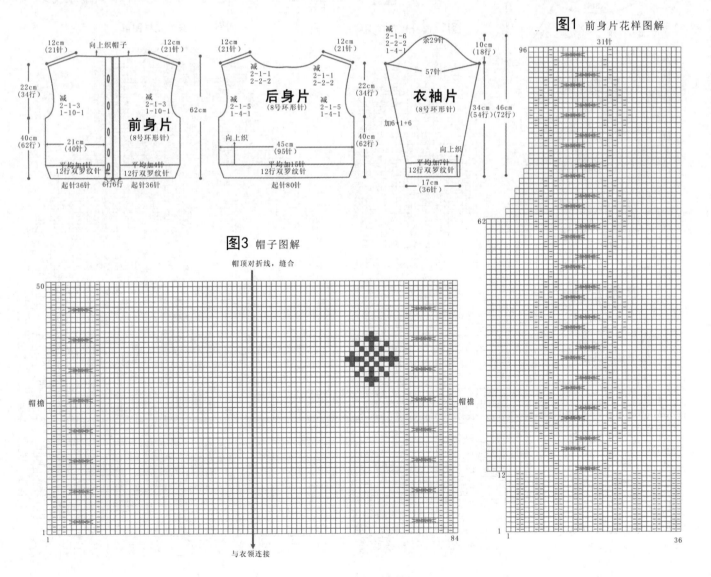

帽顶对折线，缝合
50
帽檐　　帽檐
1　　　　　　　84
与衣领连接

151

帅气拉链长袖毛衣

【成品规格】 身长57cm，插肩款，袖长53cm

【工 具】 8号环形针

【材 料】 单股棕黄色兔毛线550g，1条同色拉链

编织要点：

1.棒针编织法，插肩衣款，分为前身片2片、后身片1片、衣袖片2片编织。

2.先编织后身片，起80针织双罗纹花样，共织16行，第17行时，平均隔13针的距离加1针，1行共加6针，将织片的针数加至86针继续往上编织，从17行开始按照图2所示的花样针数、行数编织，两侧不加减针织至78行，从79行开始减针织袖窿边，减针方法为2-1-28，共织56行，最后余下针数为30针，直接收针断线。详细编织方法见图2。

3.编织前身片，前身片分为两片编织，以右前身片为例，起40针织双罗纹花样，共织16行，第17行时，每隔10针的距离加1针，平均加4针1行，将织片的针数加至44针继续编织，衣襟侧不加减针织，侧缝边要减针织袖窿边，不加减针至78行，从79行开始减针织，减针方法为：1-4-1、4-1-13，织至124行时，从125行起，衣襟侧要减针，从右边算起取15针不织，向左减针，减针方法为2-2-4，最后余下4针，收针断线。同样的编织方法再编织左前身片，详细编织方法见图1。

4.衣袖片的编织，起30针起织双罗纹花样，共织16行，第17行时，每隔3针的距离加1针，将织片的针数加至36针继续编织，两侧同时加针织，加针方法为：4-1-2、6-1-2、8-1-8，将织片的针数加至70针，共完成106行，从107行开始，两侧同时减针织袖山，减针方法为4-2-14，共减56行，最后余下14针，直接收针断线。同样的方法再编织另一衣袖片。

5.缝合，将前后身片的侧缝对应缝合，将两衣袖片的袖山与前后身片的袖窿对应缝合。

6.衣领的编织，沿着缝合好的衣身衣领边，挑针起织双罗纹花样，往返编织，共织24行后，以双罗纹收针法收针，最后沿着衣领与前身片衣襟边，将拉链藏于衣后缝合。

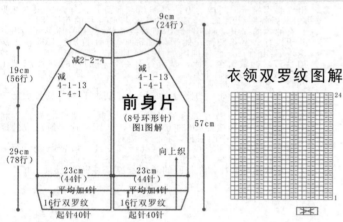

前身片
(8号环形针)
图1图解

9cm（24行）
19cm（56行）
减4-1-13　减4-1-13
　　　　　1-4-1　1-4-1
29cm（78行）
57cm
向上织
23cm（44针）　23cm（44针）
平均加4针
16行双罗纹　16行双罗纹
起针40针

后身片
(8号环形针)
图2图解

余30针
减2-1-28　减2-1-28
19cm（56行）
29cm（78行）
向上织
46cm（86针）
平均加6针
16行双罗纹
起针80针

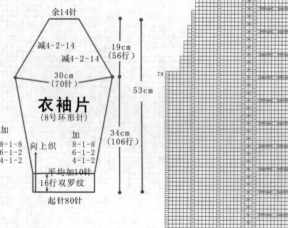

衣袖片
(8号环形针)

余14针
减4-2-14　减4-2-14
19cm（56行）
30cm（70针）
加8-1-8　　加8-1-8
6-1-2　向上织　6-1-2
4-1-2　　　　4-1-2
53cm
34cm（106行）
平均加10针
16行双罗纹
起针80针

符号说明：

	左下2针与右上2针交叉
⊡	扭针
	2针扭针交叉
	右上1针扭针与左下1针上针交叉
4-1-2	行-针-次

衣领双罗纹图解

符号说明

第1针与第3针交叉中间1针不变　　　　2针下针交叉

右上2针上针与左下1针下针交叉　　　左上3针下针与右下2针交叉

图1 前身片花样图解

图2 后身片花样图解

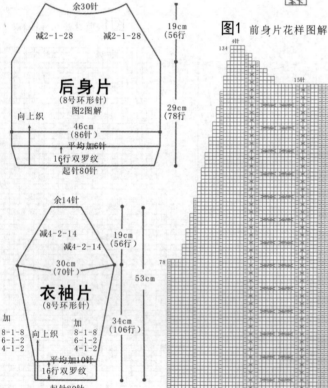

可爱童趣小花外套

【成品规格】衣长45cm，肩宽30cm，袖长24cm，胸围80cm

【工　　具】6号棒针，环形针，缝衣针

【编织密度】10cm² =20针×24行

【材　　料】棕色羊毛线380g，白色羊毛线70g

编织要点：

1. 身片为圈织，从衣摆起针编织，往上编织至肩部。
2. 起136针圈织裙摆，裙摆有个衬，编织方法是起136针后，编织6行下针，再织1行花样，即第7行是花样行，然后，从第8行起，同样编织6行下针后，从起针处挑针并针编织，将裙摆变成双层裙摆，然后从第9行起全部编织下针，共编织19cm后，即48行，按花样减针，减少45针。20cm后，即50行，分出前后身片并从第51行开始花样编织，详细编织图解见图1。
3. 后身片编织至84行时开始袖窿减针，方法顺序为：1-4-1，2-1-1，后身片的袖窿减少针数为6针。减针后，不加减针往上编织至肩部。
4. 前身片从第51行开始花样编织，同时留山4针门襟，门襟边同前身片同样，编织至84行时开始袖窿减针，方法顺序为：1-4-1，2-1-1，前身片的袖窿减少针数为6针。减针后，不加减针往上编织至肩部。第95行，编织出领口，衣领侧减针方法为：2-1-1，1-1-1，2-2-2，1-5-1，最后两侧的针数余下11针，收针断线。
5. 整体完成后，在一侧前身片缝上扣子。不缝扣子的一侧，要制作相应数目的扣眼，扣眼的编织方法为：在当行收起数针，在下一行重起这些针数，这些针数两侧正常编织。

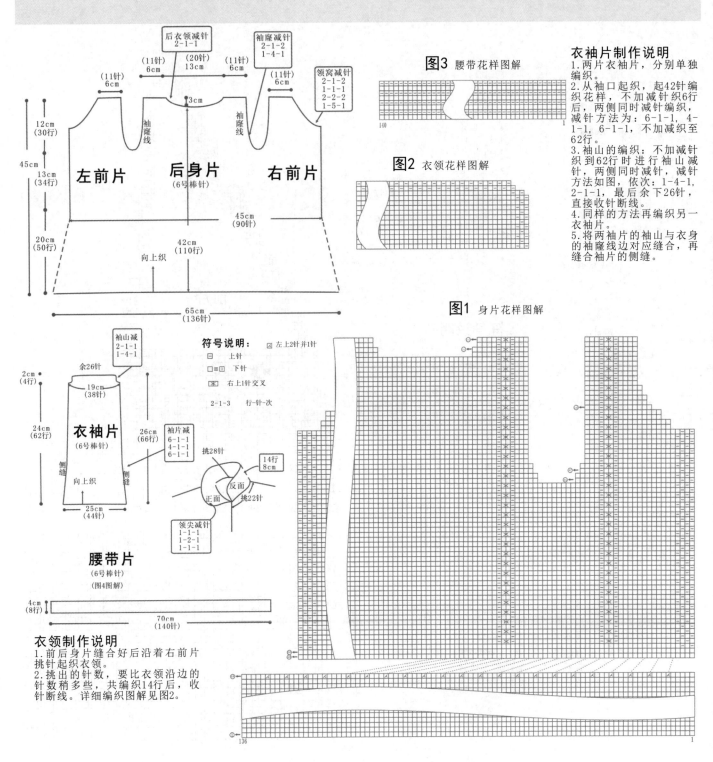

衣袖片制作说明

1. 两片衣袖片，分别单独编织。
2. 从袖口起织，起42针编织花样，不加减针织6行后，两侧同时减针编织，减针方法为：6-1-1，4-1-1，6-1-1，不加减织至62行。
3. 袖山的编织：不加减针织到62行时进行袖山减针，两侧同时减针，减针方法如图，依次：1-4-1，2-1-1，最后余下26针，直接收针断线。
4. 同样的方法再编织另一衣袖片。
5. 将两袖片的袖山与衣身的袖窿线边对应缝合，再缝合袖片的侧缝。

图3　腰带花样图解

图2　衣领花样图解

图1　身片花样图解

符号说明：
- 図 左上2针并1针
- □ 上针
- □＝团 下针
- 図 右上1针交叉

2-1-3　行-针-次

衣领制作说明

1. 前后身片缝合好后沿着右前片挑针起织衣领。
2. 挑出的针数，要比衣领沿边的针数稍多些，共编织14行后，收针断线。详细编织图解见图2。

153

蓬松大翻领毛衣

【成品规格】胸围106cm，衣长52cm，袖长43cm

【工　具】4.5mm环形针

【材　料】高级兔绒线500g

编织要点：

1.按结构图先织后片单元片。编织方向按针法图为从下往上织，起90针，按针法图往上织到24cm后分散减去14针再织6cm单罗纹。收出后斜肩线。继续往上编织从袖窿线往上织到16cm时，后领处的针穿好待用。

2.织前片。同样是从下往上织。起53针采用花样针法往上织，门襟16针往上织单罗纹。不加不减往上织到24cm后分散减去6针，再织6cm单罗纹。注意在前胸位置上左右各要织1个小球装饰花。在侧缝线处按图示织收出前斜肩线。并同时在门襟侧，按每8行减1针减5次的规律收出前领斜线，按图示织到合适高度后将针穿好待用。

3.按图示织袖子，起61针按花样针法往上织。在袖下线两旁边不用加减针织到21cm时分散减去4针。继续往上织6cm就到袖壮线了，这时是57针，再按图示减针，袖山最后为11针。织好另一个袖子后分别合并侧缝线和袖下线，并安装好袖子。

4.织衣领。在前片、袖片及后片上端共挑140针，按针法图往上织单针罗纹，织到6cm时在领两角按图示收出圆领形状。在领片中间要按每2行加2针的规律加4次，最后平收针。

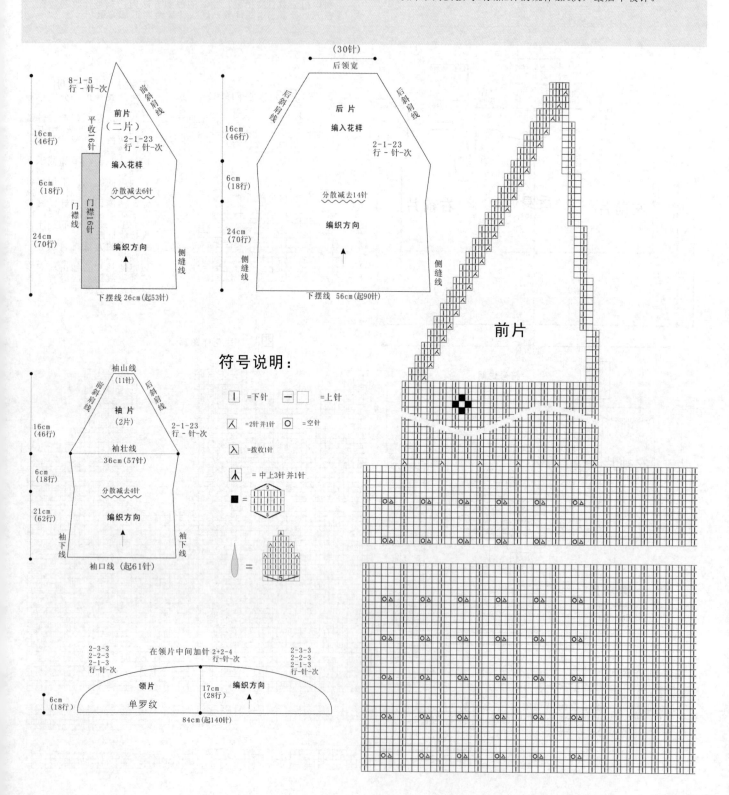

淡紫色翻领开衫

【成品规格】 衣长50cm，胸围80cm，袖长52cm

【工　　具】 13号棒针

【编织密度】 10cm² =22针×30行

【材　　料】 浅紫色毛线800g

编织要点:

1. 前片：起55针，按图解分配花型编织，按图留袖窿及领窝。
2. 后片：后片起89针，按图解分配花型编织，按图减针留袖窿。
3. 袖：袖起48针，袖口织花样E，然后按图织花样，两侧按图加针，以及织袖山。
4. 领：挑110针织11cm花样A，然后整个衣领外圈钩1圈逆短针。
5. 衣兜：按图织12cm宽、13cm高的方片，缝在衣服相应位置。
6. 衣服各部织好缝合后，用钩针将外圈钩1圈逆短针。

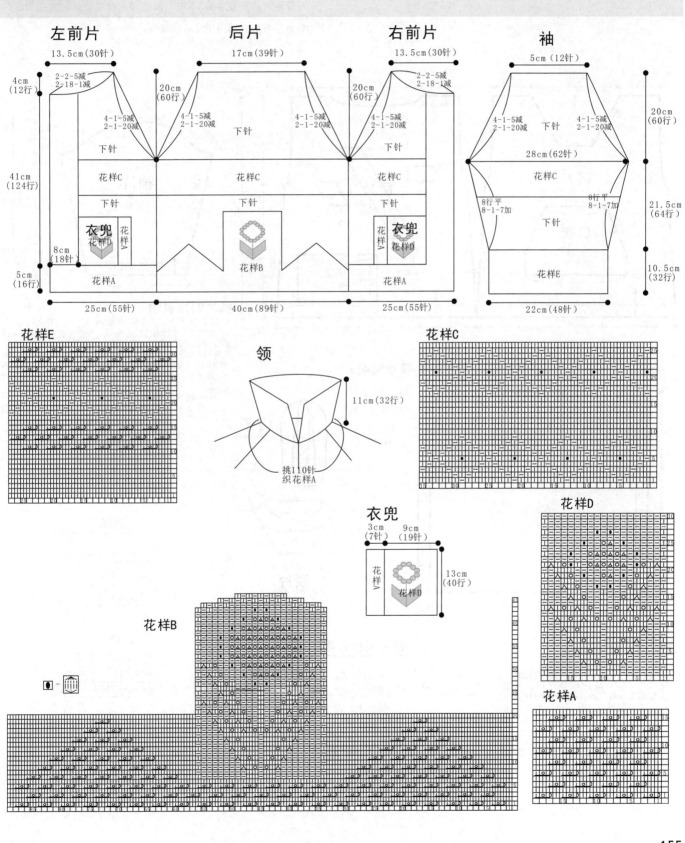

配色男孩毛衣

【成品规格】 衣长42cm，半胸围36cm，肩宽33cm，袖长29cm

【工　　具】 10号棒针

【编织密度】 10cm² =13针×22行

【材　　料】 花色棉线400g，蓝色棉线100g

编织要点：

1. 棒针编织法，衣身分为前片和后片分别编织而成。
2. 起织后片，单罗纹起针法，花色线起52针，起织花样A，织4行后，改织花样B，两侧一边织一边减针，方法为18-1-3，第5针先织起6针花色线，再织起20针蓝色线，余下针数织花色线，重复往上织至24行，全部改为花色线，织至32行，第33行的33针开始编织5针蓝色线，如结构图所示图案编织，织至54行，左右两侧同时减针织成袖窿，方法为：1-2-1，2-1-2，织至89行，织片中间留起20针不织，两侧减针织成后领，方法为2-1-2，织至92行，两肩部各余下10针，收针断线。
3. 起织前片，单罗纹针起针法，花色线起52针，起织花样A，织2行后，改为蓝色线编织，织至4行，第5行起，改织花样B，两侧一边织一边减针，方法为18-1-3，织至54行，左右两侧同时减针织成袖窿，方法为：1-2-1，2-1-2，织至70行，第71行织片中间留起8针不织，两侧减针织成前领，方法为2-1-8，织至92行，两肩部各余下10针，收针断线。
4. 前片与后片的两侧缝对应缝合，两肩部对应缝合。

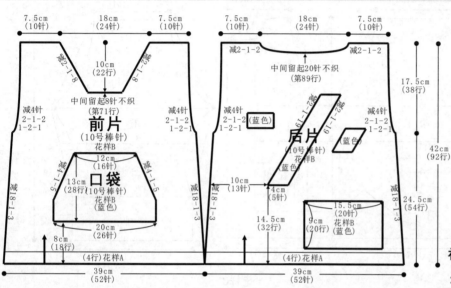

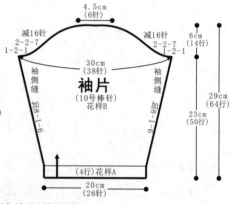

袖片制作说明

1. 棒针编织法，编织两片袖片。袖口起织。
2. 单罗纹起针法，起26针，起织花样A，织4行后，改织花样B，一边织一边两侧加针，方法为8-1-6，织至50行，第51行起编织袖山，两侧同时减针，方法为：1-2-1，2-2-7，两侧各减少16针，织至64行，最后织片余下6针，收针断线。
3. 同样的方法再编织另一袖片。
4. 缝合方法:将袖山对应前片与后片的袖窿线，用线缝合，再将两袖侧缝对应缝合。

符号说明：

$\square$　上针
$\square=\square$　下针

2-1-3
行-针-次

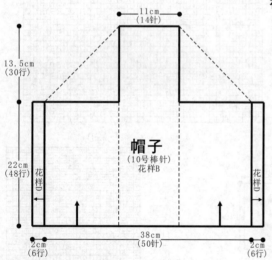

帽子制作说明

1. 棒针编织法，往返编织。
2. 编织帽子。起50针，花色线编织花样B，不加减针织48行后，两侧各收针18针，余下14针继续往上编织，4行蓝色与6行花色线间隔编织，织30行后，两侧与织片左右收针的边沿缝合。
3. 挑织帽边，沿帽子边沿挑针编织，挑起86针，织花样D，织6行后，收针断线。

领片制作说明

1. 棒针编织法，一片编织完成。
2. 先编织前襟，挑起8针编织花样C，一边织一边两侧加针，方法为2-1-8，织至16行，与后领完整针数连起来编织，共32针，前领中间重合挑织3针，共35针往返编织，织花样D，织8行后，收针断线。注意在上层衣领口制作1个扣眼，方法是在一行收起2针，在下一行重起这2针，形成1个扣眼。

帽子 (10号棒针)

领片 (10号棒针)

花样A
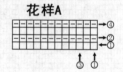

花样B
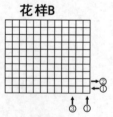

花样C
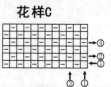

花样D
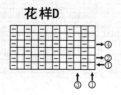

高领配色毛衣

【成品规格】 衣长50cm，半胸围36cm，肩连袖长50cm

【工 具】 13号棒针

【编织密度】 10cm＝30针×38行

【材 料】 橄榄绿色棉线350g，白色棉线100g，红色、咖啡色线少许

编织要点：

1.棒针编织法，衣身片分为前片和后片，分别编织，完成后与袖片缝合而成。

2.起织后片，橄榄绿色线起织，起108针，起织花样A，织18行，从第19行起，改织花样B，织至88行，第89行开始编织图案a，织至第114行，织片左右两侧各收6针，然后减针织成插肩袖隆，方法为2-1-32，织至178行，织片余下32针，用防解别针扣起，留待编织衣领。

3.起织前片，橄榄绿色线起织，起108针，起织花样A，织18行，从第19行起，改织花样B，织至88行，第89行开始编织图案a，织至第114行，织片左右两侧各收6针，然后减针织成插肩袖隆，方法为2-1-32，织至171行，中间留起14针不织，两侧减针织成前领，方法为2-2-4，织至178行，两侧各余下1针，用防解别针扣起，留待编织衣领。

4.将前片与后片的侧缝缝合，前片及后片的插肩缝对应袖片的插肩缝缝合。在前片白色线部分用十字绣的方法绣上图案b。

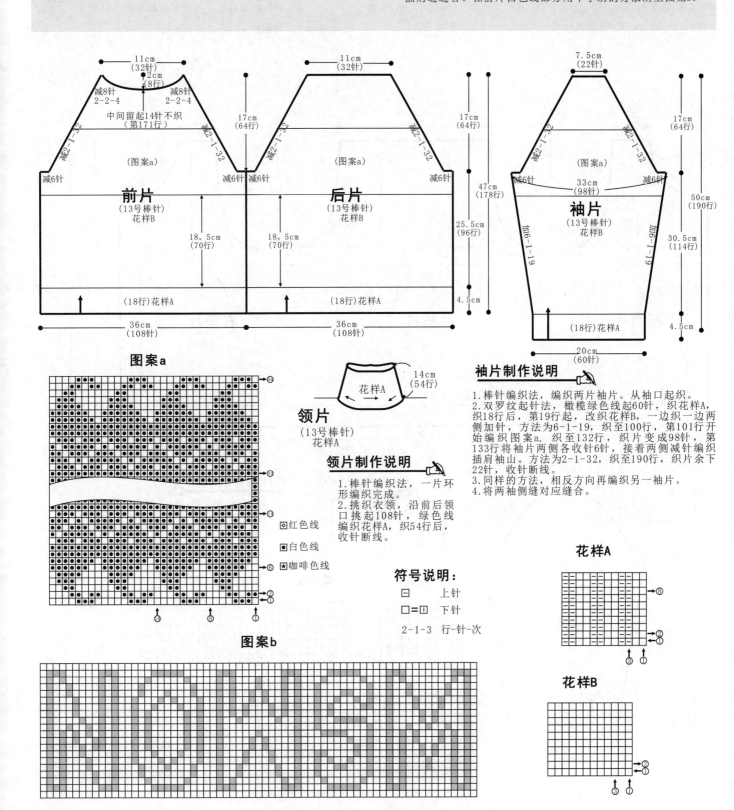

图案a

领片
（13号棒针）
花样A

领片制作说明

1.棒针编织法，一片环形编织完成。

2.挑织衣领，沿前后领口挑起108针，绿色线编织花样A，织54行后，收针断线。

⊡ 红色线
□ 白色线
⊞ 咖啡色线

符号说明：

□　　上针

□＝⊡　下针

2-1-3　行-针-次

袖片制作说明

1.棒针编织法，编织两片袖片。从袖口起织。

2.双罗纹起针法，橄榄绿色线起60针，织花样A，织18行后，第19行起，改织花样B，一边织一边两侧加针，方法为6-1-19，织至100行，第101行开始编织图案a，织至132行，织片变成98针，第133行将袖片两侧各收针6针，接着两侧减针编织插肩袖山，方法为2-1-32，织至190行，织片余下22针，收针断线。

3.同样的方法，相反方向再编织另一只袖片。

4.将两袖侧缝对应缝合。

花样A

花样B

图案b

157

韩版淑女装

【成品规格】衣长38cm，宽34cm，肩宽22cm，袖长33cm。

【工　　具】12号棒针，12号环形针

【编织密度】10cm²=22.5针×26.5行

【材　　料】红色棉线500g

编织要点：

1.棒针编织法，袖窿以下一片环形编织而成，袖窿起分为前片、后片来编织。织片较大，可采用环形针编织。

2.起织下摆片，双罗纹起针法起194针起织，先织8行花样A，然后改为编织花样B全下针，织至60行，下针收针法收针。

3.编织后身片，起织90针，编织花样A与花样C组合，组合方式如结构图所示，先织1针下针，再织26针花样C，再织22针花样A，再织26针花样C，最后一针织下针，左右两侧下针不变，起织时两侧需要同时减针织成袖窿，减针方法为：1-4-1，2-1-9，两侧针数各减少13针，余下50针继续编织，两侧不再加减针，织至40行，两侧各收针14针，余下22针，用防解别针锁住，留待编织衣领。

4.编织左前片，起织52针，编织花样A与花样C组合，组合方式如结构图所示，先织1针下针，再织19针花样C，最后织26针花样A，重复往上编织，起针的一针织下针，起织时右侧需要减针织成袖窿，减针方法为：1-4-1，2-1-9，右侧针数减少13针，余下33针继续编织，两侧不再加减针，织至18行，左侧减针织成衣领，方法为：1-8-1，2-2-1，2-1-9，共减19针，织至40行，肩部留下14针，收针断线。

5.相同的方法相反方向编织右前片。完成后将前片与后片的两肩部对应缝合。

6.将下摆片分片，分为左前片、右前片和后片，左右前片各取52针的宽度，后片取90针的宽度，左右前片及后片的中间各制作一个对称折，折后的下摆宽度与前后身片及后片相同，对应缝合。

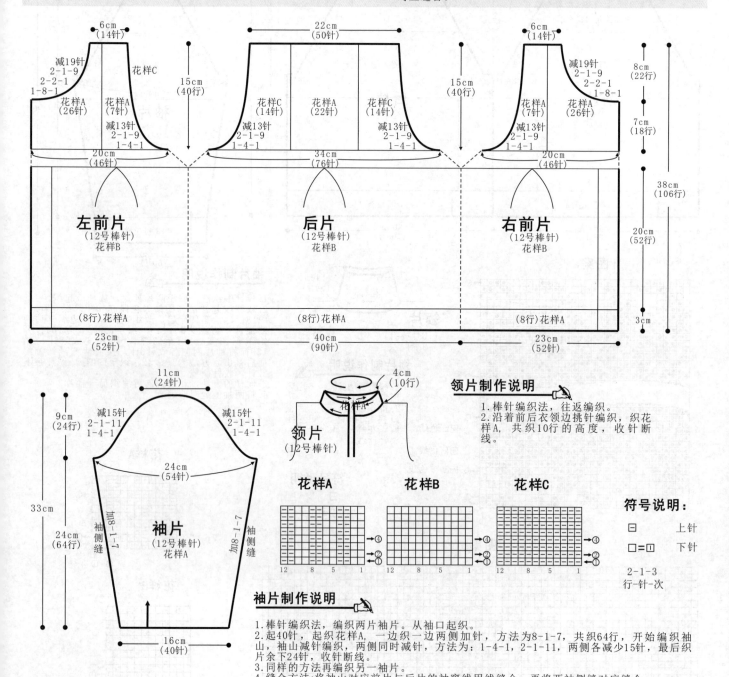

领片制作说明

1.棒针编织法，往返编织。

2.沿着前后衣领边挑针编织，织花样A，共织10行的高度，收针断线。

袖片制作说明

1.棒针编织法，编织两片袖片。从袖口起织。

2.起40针，起织花样A，一边织一边两侧加针，方法为8-1-7，共织64行，开始编织袖山，袖山减针编织，两侧同时减针，方法为：1-4-1，2-1-11，两侧各减少15针，最后织片余下24针，收针断线。

3.同样的方法再编织另一袖片。

4.缝合方法：将袖山对应前片与后片的袖窿线用线缝合，再将两袖侧缝对应缝合。

花样A　　**花样B**　　**花样C**

符号说明：

□　　上针

□=①　　下针

2-1-3
行-针-次

优雅翻领小外套

【成品规格】衣长49cm，胸围66cm，袖长36cm

【工　　具】10号棒针

【编织密度】10cm² =21针×20行

【材　　料】羊毛线400g

编织要点：
衣服由几种花样组合织成：
1. 后片：起84针织花样A为边，织好后均加14针为98针，开始织花样。
2. 腋下：两侧各19针，递减针形成腰线；中间分成3份织成步高花样，平针分布分别为9，11，11，14针，中间用花样间隔。
3. 前片：起36针织花样A作边；然后均加3针，分成3部分；18针织边缘花样为边，中间织叶子花9针，内侧12针为平针。
4. 袖：从上往下织，中间织腋下花样，两侧织平针，袖口织边缘花样。
5. 领：前片边缘织48行后，上边递加针10次后，两侧同步减针，减5次后平收；后片从领窝挑出针数，前片两侧各挑10针，开始织边缘花样，领角减针形成圆角，前边与前片叠压。完成。

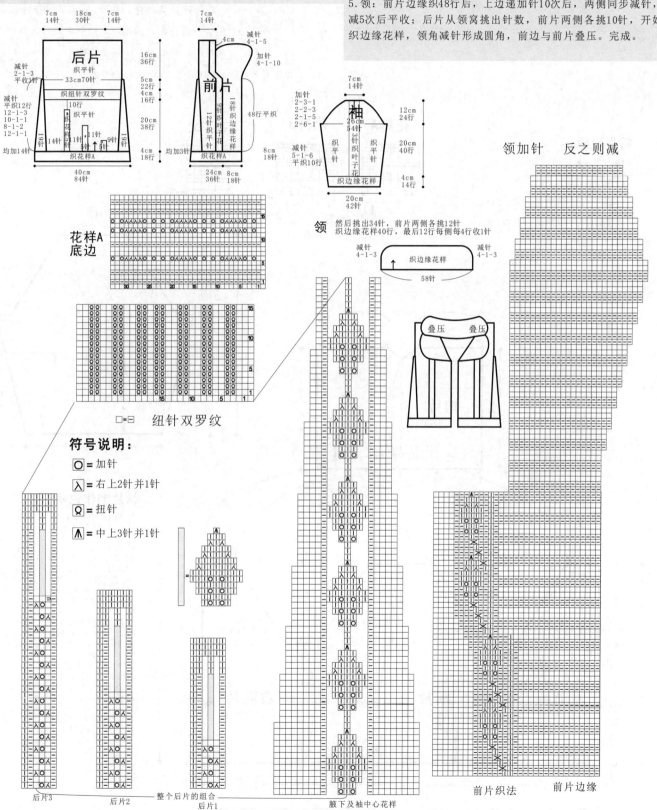

花样A 底边

□=⊟ 纽针双罗纹

符号说明：

O = 加针

入 = 右上2针并1针

Q = 扭针

⋀ = 中上3针并1针

领 然后挑出34针，前片两侧各挑12针
织边缘花样40行，最后12行每侧每4行收1针

减针 4-1-3　织边缘花样　减针 4-1-3
58针

叠压　叠压

领加针　反之则减

后片3　后片2　整个后片的组合 后片1

腋下及袖中心花样

前片织法　前片边缘

159

褐色带帽开衫

【成品规格】 衣长33cm，胸围68cm，袖长33cm

【工　　具】 12号棒针

【编织密度】 10cm²=26针×36行

【材　　料】 毛线600g

编织要点：

1. 棒针编织法，袖窿以下一片编织而成，袖窿以上分成左前片、右前片、后片编织，然后连接编织帽子。

2. 起针，单罗纹起针法，起184针，来回编织，用12号针编织。前后身片编织花样为24行上针、24行上针，交替变换，左右前身片的门襟处8针编织花样C为门襟边，在右前片的门襟边上从第5行开始每间隔32行开1个纽扣眼，共开4个扣眼。

3. 袖窿以下不加减针编织20cm，72行。

4. 袖窿以上分成左前片、后片、右前片编织，左右前片和右前片各48针，后片88针，先编织后片，两边均留出8针编织花样，左边8针编织花样A，右边8针编织花样B，两边花样的内侧同时减针，方法顺序为：4-1-2，2-1-20，两边各减22针，剩余针数为36针，织至33cm，120行时收针断线。

5. 编织右前片，腋下平收4针，袖窿处8针编织花样A，减针在花样A的内侧进行，方法顺序为：4-1-1，4-2-1，交替重复减针6次，减18针，剩余针数为18针，织至33cm，120行时收针断线。对称编织左前片。

6. 身片和袖片缝合后进行帽片的编织。沿前后身片、袖片的领窝边对应挑出108针，来回编织24行上针、24行下针的交替针法，织到46行高度时，将帽子从中间分成两半，从中心向两边减针，每织2行减1针，减4次，将帽子织成72行的高度，将两边对称缝合。帽子完成。

符号说明：

□　上针

□=□　下针

◧◨◧　2针相交叉，右2针在上

◧◨◧　2针相交叉，左2针在上

2-1-3　行-针-次

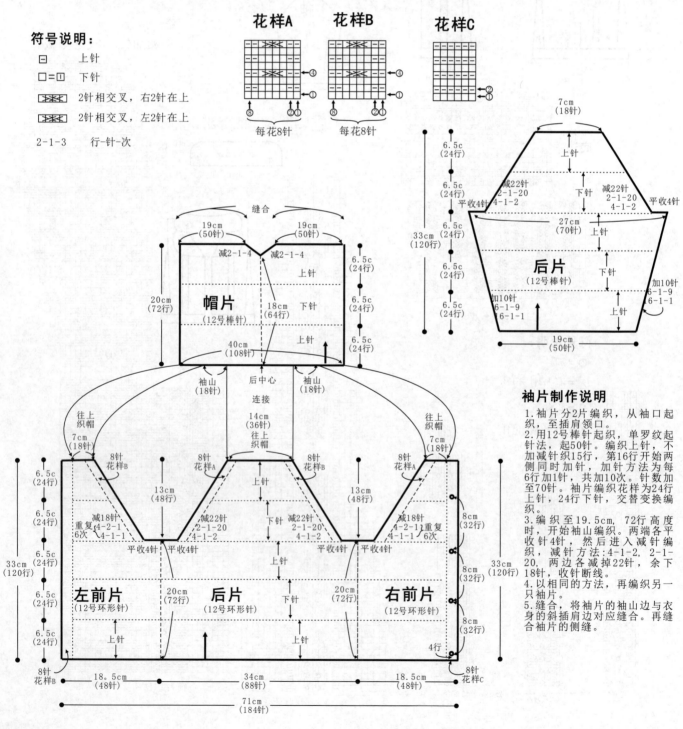

花样A　　花样B　　花样C

每花8针　　每花8针

袖片制作说明

1. 袖片分2片编织，从袖口起织，至插肩领口。

2. 用12号棒针起织，单罗纹起针法，起50针，不加减针织15行，第16行开始两侧同时加针，加针方法为每6行加1针，共加10次。针数加至70针。袖片编织花样为24行上针，24行下针，交替变换编织。

3. 编织至19.5cm，72行高度时，开始袖山编织。两端各平收针4针，然后进入减针编织，减针方法：4-1-2，2-1-20，两边各减掉22针，余下18针，收针断线。

4. 以相同的方法，再编织另一只袖片。

5. 缝合，将袖片的袖山边与衣身的斜插肩边对应缝合。再缝合袖片的侧缝。

160

简洁高领毛衣

【成品规格】衣长39cm，半胸围32cm，肩连袖长22cm

【工　具】13号棒针

【编织密度】10cm² =32针×42行

【材　料】咖啡色棉线共350g

编织要点：
1.棒针编织法，衣身片分为前片和后片，分别编织，完成后与袖片缝合而成。
2.起织后片，起102针，起织花样A，织18行，从第19行起，改织花样B，织至102行，第103行织片左右两侧各收6针，然后减针织织成插肩袖窿，方法为4-2-15，织至162行，织片余下30针，收针断线。
3.起织前片，起102针，起织花样A，织18行，从第19行起，改为花样D与花样E组合编织，织至102行，第103行起改织花样F，织片左右两侧各收6针，然后减针织成插肩袖窿，方法为4-2-15，织至158行，织片中间留出20针不织，两侧减针织成前领，方法为2-2-2，织至162行，两侧各余下1针，收针断线。
4.将前片与后片的侧缝缝合。

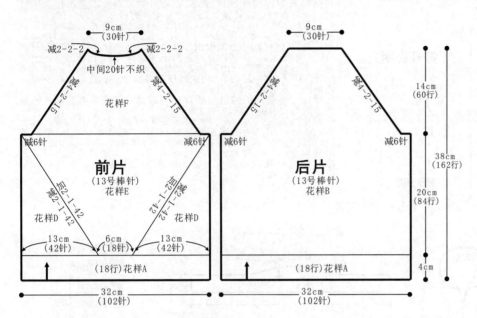

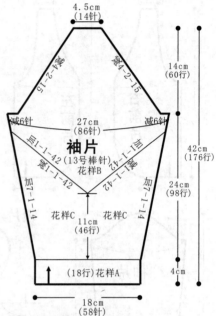

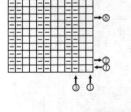

领片制作说明
1.沿领口挑起环形编织。
2.起88针，织花样A，织50行后，双罗纹针收针法收针断线。

符号说明：

□ 上针

□=□ 下针

左上4针与右下4针交叉

右上滑针的1针交叉

2-1-3 行-针-次

袖片制作说明
1.棒针编织法，编织两片袖片。左袖片与右袖片，方法相同，从袖口起织。
2.双罗纹起针法，起58针，织花样A，织18行后，第19行起，改织花样C，两侧加针，方法为7-1-14，织至46行，改为花样C与花样B组合编织，织至116行，两侧各收针6针，然后减针织成插肩袖，方法为4-2-15，织至176行，织片余下14针，收针断线。
3.同样的方法编织另一袖片。
4.将两袖侧缝对应缝合。再将插肩线对应衣身插肩缝合。

花样A

花样B

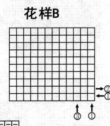

花样C

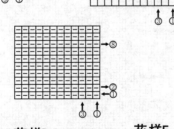

花样D

花样E

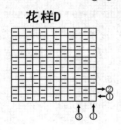

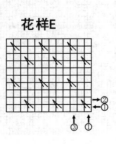

花样F

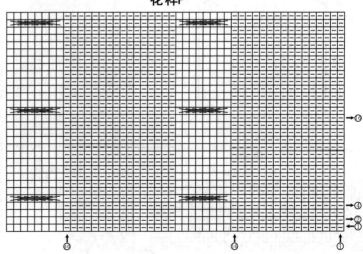

蓝色大翻领开衫

【成品规格】 衣长37cm，胸宽34cm，肩宽22.5cm，袖长37.5cm

【工　具】 10号棒针

【编织密度】 10cm² =3.147针×37.9行

【材　料】 蓝色腈纶线250g，白色扣子2颗

编织要点：

1.棒针编织法，由前片2片、后片1片、袖片2片组成。从下往上织。

2.前片的编织。由右前片和左前片组成，以右前片为例。
（1）起针，下针起针法，起17针。
（2）袖隆以下的编织。依照花样A进行花样分配编织。右前片左侧缝不加减针，右侧从起针起，进行加针，每织1行加1针，加22次，然后每织2行加1针，加3次，将17针加成42针的宽度，织成29行，然后不加减针织成43行，至袖隆，织成72行的衣身。
（3）袖隆以上的编织。第73行时，左侧收针6针，每织4行减2针，共减5次，右侧每织2行减1针，减4次，往上不再加减针。两边减完针后，不加减针织至肩部，余下22针，收针断线。
（4）相同的方法，相反的方向去编织左前片。

3.后片的编织。下针起针法，起107针。依照花样B进行花样分配编织，不加减针，织72行的高度至袖隆。然后袖隆起减针，方法与前片相同，减针行织成20行后，不加减针再织30行的高度，两侧再次进行减针，每织2行减2针，共减11次，至织片余下27针，收针断线。此处减针的位置与前片的肩部进行对应缝合。

4.袖片的编织。袖片从袖口起织，双罗纹起针法，起52针，分配成花样D双罗纹，不加减针，往上织26行的高度，第27行起，依照花样C进行花样分配编织。两边袖侧缝进行加针，每织6行加1针，共加12次，织成72行，然后不加减针再织8行的高度，至袖隆。下一行起进行袖山减针，两边同时收针，收掉6针，然后每织4行减2针，共减26针，织成40行，最后余下24针，收针断线。相同的方法去编织另一袖片。

5.拼接，将前片的侧缝与后片的侧缝对应缝合，将两袖片的袖山边线与衣身的袖隆边对应缝合。

6.领片的编织。领片单独编织，双罗纹起针法，起452针，选出中间60针起织，用折回编织法(或叫引退针编织法)，每次挑5针向前编织，两边各进行挑针8次，每次5针，织成152针，16行的高度后，将所有的针数连续起来编织，不加减针织26行的高度后，收针断线。将收针边与衣服的衣襟边和衣领边对应缝合。衣服完成。

符号说明：

□ 上针

□=□ 下针

2-1-3
行-针-次

↑ 编织方向

左上3针与右下3针交叉

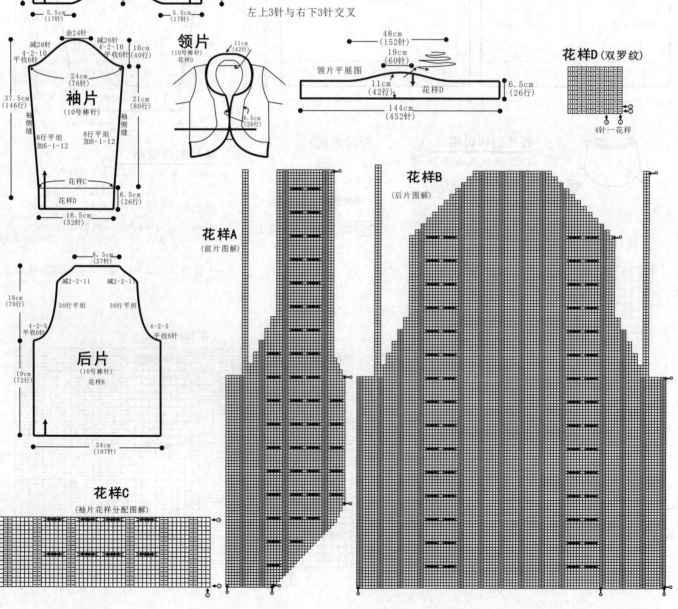

右前片（10号棒针）花样A
左前片（10号棒针）花样A
袖片（10号棒针）
后片（10号棒针）花样B
领片（10号棒针）花样D
领片平展图
花样A（前片图解）
花样B（后片图解）
花样C（袖片花样分配图解）
花样D（双罗纹）
4针一花样

毛茸茸连帽外套

【成品规格】 衣长35cm，胸围30cm，袖长21cm

【工　　具】 7号棒针，环形针，缝衣针

【编织密度】 10cm² =21针×25.5行

【材　　料】 红圈线600g，
白拉毛线20克，
纽扣

编织要点：

前身片制作说明：

1. 前身片分为两片编织，左身片和右身片各1片，从衣摆起针编织，往上编织至肩部。

2. 起14针编织前身片，侧缝方向加针编织，方法顺序为：1-3-3，1-2-2，1-1-2，从第9行起不加减针编织，共编织20cm后，即53行，从第54行开始袖隆减针，方法顺序为：1-4-1，2-1-16，前身片的袖隆减少针数为20针。

3. 同样的方法再编织另一前身片，完成后，将两前身片的侧缝与后身片的侧缝对应缝合，袖隆与后身片、袖片袖山对应缝合。前领连接继续编织帽子，可用防解别针锁住，领窝不加减针。

4. 最后在一侧前身片缝上扣子。不缝扣子的一侧，要制作相应数目的扣眼，扣眼的编织方法为：在当行收起数针，在下一行重起这些针数，这些针数两侧正常编织。

后身片制作说明：

1. 后身片为一片编织，从衣摆边开始编织，往上编织至肩部。

2. 起28针，两侧同时加针编织，加针顺序为：1-3-3，1-2-2，1-1-2，从第9行起不加减针编织，共编织20cm后，即53行，从第54行开始袖隆减针，方法顺序为1-4-1，2-1-16，后身片的袖隆减少针数为20针。

3. 完成后，将后身片的侧缝与前身片的侧片对应缝合，后领连接继续编织帽子，可用防解别针锁住。

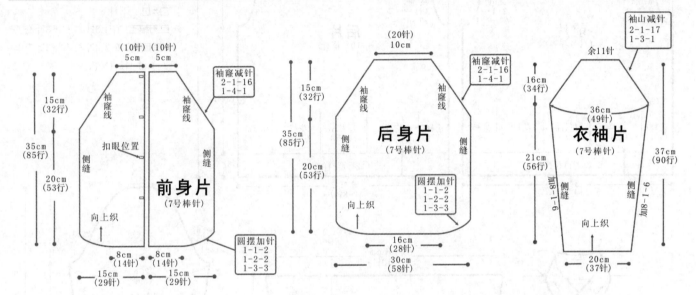

符号说明：

□　　　上针

□=□　　下针

▨▨▨　右上2针交叉

2-1-16　行-针-次

装饰片花样图解

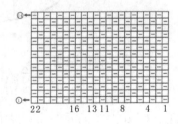

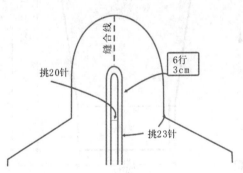

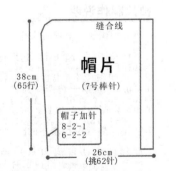

衣袖片制作说明

1. 两片衣袖片，分别单独编织。

2. 从袖口起织，起37针编织，第1行用拉毛线起针编织，然后配色编织，两侧同时加针，加针方法如图，依次8-1-6，加针到56行。

3. 袖山的编织：两侧同时减针，减针方法如图：1-3-1，2-1-17。最后余下11针，直接收针后断线。

4. 同样的方法再编织另一衣袖片。

5. 将两袖片的袖山与衣身的袖隆线边对应缝合，再缝合袖片的侧缝。

帽子制作说明

1. 一片编织完成。先缝合完成肩部后再起针挑织帽片。

2. 挑62针加针编织38cm×26cm的长方形，共编织65行后，收针断线。

3. 帽顶对折，沿边缝合。

装饰片制作说明

1. 整体完成后，单独起22针编织装饰片，共织14行后收针断线。

2. 沿后衣片中心距后衣边10cm处缝扣装饰。

温暖套头毛衣

【成品规格】 衣长43cm，半胸围34cm，肩宽28cm，袖长36cm

【工　　具】 10号棒针

【编织密度】 10cm² =14针×20行

【材　　料】 灰色粗棉线450g

编织要点：

1.棒针编织法，衣身分为前片和后片分别编织而成。

2.起织后片，下针起针法，起48针，起织花样A，织12行后，改为花样B与花样C组合编织，花样分布如结构图所示，重复往上织至46行，左右两侧同时减针织成袖隆，方法为：1-2-1，2-1-3，织至81行，织片中间留起20针不织，两侧减针织成后领，方法为2-1-1，织至82行，两肩部各余下8针，收针断线。

3.起织前片，前片编织方法与后片相同，织至75行，中间留起10针不织，两侧减针织成前领，方法为：2-2-2，2-1-2，织至82行，两肩部各余下8针，收针断线。

4.前片与后片的两侧缝对应缝合，两肩部对应缝合。

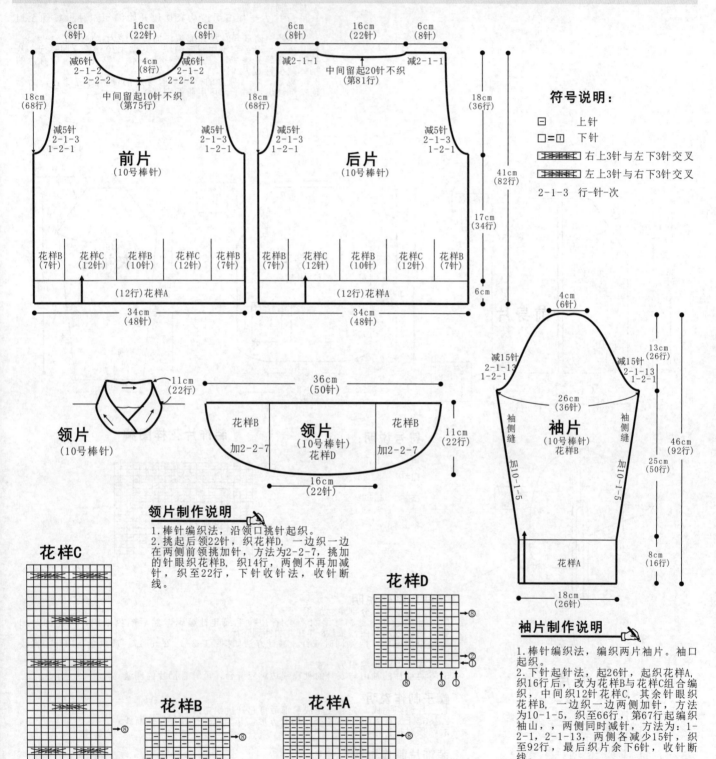

符号说明：

□ 上针

□=□ 下针

右上3针与左下3针交叉

左上3针与右下3针交叉

2-1-3 行-针-次

领片制作说明

1.棒针编织法，沿领口挑针起织。

2.挑起后领22针，织花样D，一边织一边在两侧前领挑加针，方法为2-2-7，挑加的针眼织花样B，织14行，两侧不再加减针，织至22行，下针收针法，收针断线。

袖片制作说明

1.棒针编织法，编织两片袖片。袖口起织。

2.下针起针法，起26针，起织花样A，织16行后，改为花样B与花样C组合编织，中间织12针花样C，其余针眼织花样B，一边织一边两侧加针，方法为10-1-5，织至66行，第67行起编织袖山，两侧同时减针，方法为：1-2-1，2-1-13，两侧各减少15针，织至92行，最后织片余下6针，收针断线。

3.同样的方法再编织另一袖片。

4.缝合方法：将袖山对应前片与后片的袖隆线，用线缝合，再将两袖侧缝对应缝合。

叶纹拉链装

【成品规格】衣长42cm，衣宽34cm，袖长40.5cm

【工　具】9号环形针，9号棒针

【编织密度】10cm² ＝22.7针×37行

【材　料】绿色粗羊毛线共500g，拉链1根

编织要点：
1.衣身片袖部以下为一片编织，袖部以上分为3片编织，从衣摆起织，往上编织至肩部。
2.衣身片用绿色粗羊毛线9号环形针起160针按花样A（双罗纹）起织，编织12行，完成衣摆的编织。第13行开始按花样B镂空花样编织，一个花样为13行12行。从右前片开始编织，花样分布顺序为：7针下针，按花样B编织26针（2组镂空花样），5针下针，后身片5针下针，按花样B编织65针（5组镂空花样），5针下针，前身片5针下针，按花样B编织26针（2组镂空花样），7针下针（注意：为了美观，尽量将镂空花样与衣摆的两针下针对齐，如14针双罗纹编织一组镂空花样，可2针并1针）。往上编织7层花样，即84行后，开始插肩袖窿减针。详细编织花样见花样A和花样B。
3.开始按图示用9号棒针分3片编织，先编织左、右身片，编织花样顺序为：2行上针，15针下针，2行上针，按花样C编织21行绞花花样，2行上针，最后10行下针（10行前衣领减针）。插肩袖窿减针方法顺序为：1-1-2，2-1-1，3-1-1，2-1-1和3-1-1重复10次，共52针，左右身片各剩16针，前衣领减针方法顺序为：1-7-1，2-2-4，剩下1针留作编织衣领连接，可用防解别针锁住。后身片编织方法和插肩袖窿减针方法同前身片相同，后身片剩31针，留作编织衣领连接，可用防解别针锁住。
4.衣襟边的编织方法见衣领制作说明。（因为衣襟边同衣领一起编织）

符号说明：

□	上针	☒	镂空针
□＝Ⅱ	下针	⬆	中上3针并1针
⬗⬖	左上2针与右下2针交叉	2-1-2	行-针-次

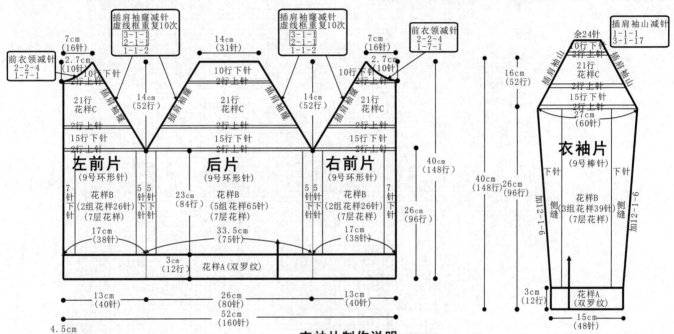

衣领及衣襟（9号棒针）

花样A（双罗纹）（衣摆及袖边花样）

4针一花样

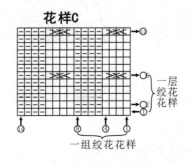

衣领及衣襟制作说明

1.衣领是在衣袖片插肩袖山与衣身片的插肩袖窿线缝合好后的前提下起编的。衣襟是在衣领编织好的前提下起编的。
2.沿左、右前片挖领的部位挑针，挑出的针数要比左、右前片领部的针数稍多些，挑出的针与衣袖片及后片领部预留的针一起起织。按花样A（双罗纹针）编织16行高度后，收针断线。
3.衣襟线及衣襟挑针起织，挑出的针数，要比衣襟边及衣领的针数稍多些，挑完1圈后，下一行按1针上1针下的方法收针，断线。按相同方法编织另一边衣襟。
4.最后将拉链缝在左右衣襟边内侧。

衣袖片制作说明

1.两片衣袖片，分别单独编织。
2.从袖口起织，用9号棒针起48针按花样A（双罗纹）起织，编织12行，完成袖口的编织。往上衣袖片中间按花样B镂空变化花样编织3组花样，一个花样为13行12行，共39针，两侧其余针数编织下针，往上编织7组花样，即84行，并且两侧同时加针编织，加针方法为12-1-6，加至60针，不加减针编织12行，开始插肩袖减针。
3.开始编织插肩袖山，袖山的编织方法顺序为：2行上针，15行下针，2行上针，按花样C编织21行绞花花样，2行上针，最后10行下针。两侧同时减针，减针方法如图：3-1-17，1-1-1，最后余下24针，留作编织衣领连接，可用防解别针锁住。
4.同样的方法再编织另一衣袖片。

花样C

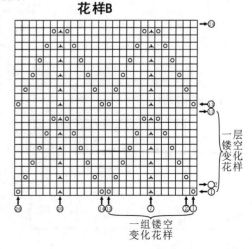

一层绞花花样

一组绞花花样

花样B

一层镂空变化花样

一组镂空变化花样

可爱靓丽毛衣裙

【成品规格】 裙身长72cm，衣宽53cm，无袖

【工　　具】 9号环形针

【材　　料】 玫红色兔毛线单股400g

编织要点：

1.棒针编织法，圈织。一片编织至底，从下往上织。
2.从衣摆起织，起针1圈为306针，按照图1图解中的花样起织，每18针每6行1个花样组，1行共17个花样组1圈。编织至66行时，开始减1次针，每相间17针的位置减1针，1圈减18次针，然后继续往上织，每66行减1次针，这个花样组织33层。共198行，减完针后，针数余下200针1圈，此时将衣片对称对折，两侧各取20针收边，此时余下的针数将织片分为前后身片，两边各80针，按图1中的花样各织2行的高度，织第2行时，两侧再起袖口的针数，各起64针编织，此时1圈的针数为288针，按照图1中的花样继续往上编织，每12针，20行1个花样组，1圈共20个花样组，共织3层花样，其间减针编织，每14行的间隔减1次针，共减4次，每次平均减32针，相间9针的距离减1次针，减至最后余下160针1圈，最后直接收针断线。

图1 衣身片基本花样图解

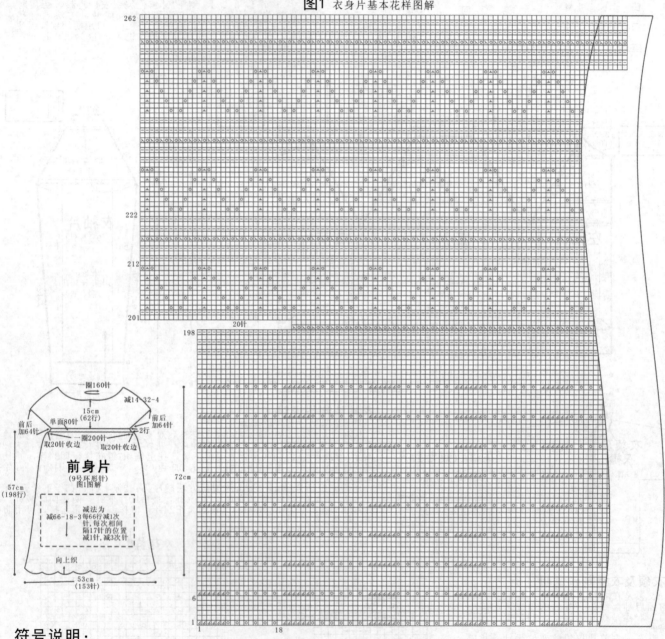

前身片
(9号环形针)
图1图解

符号说明：

□=□ 下针	
⊟	上针
⊙△○△	两边各加1针 中间将3针并1针
▷○	加1针，向左并1针
⊠	上针并针

166

柔美小套裙

【成品规格】 背心长50cm，衣宽26cm，裙长29cm

【工　　具】 12号棒针

【编织密度】 10cm²＝33针×38.4行

【材　　料】 粉色细棉线共350g，松紧带1根

编织要点：

1.前身片为一片编织，从衣摆起织，往上编至顶部。

2.用粉色细棉线12号棒针起86针按花样A（双罗纹针）起织，编织10行，完成衣摆的编织。往上按图示编织花样，花样分布的顺序为：10针下针，10针花样B绞花花样，18针下针，10针花样B绞花花样，18针下针，10针花样B绞花花样，10针下针。不加减针编织到20cm，即76行，开始两侧减针编织，减针方法为5-2-3，编织15行后，两侧继续减针编织，同时衣片中间分衣领，衣领侧减针，衣片两侧及衣领侧减针方法相同，方法为2-1-10，减针结束后，左边编织花样C中的第12针至16针花样编织，衣领侧边的9针按花样C中的第1至9针编织，其余编织下针。右边编织花样正好与左边编织花样相反：侧边5针按花样D中的第1至5针编织，衣领侧边的9针按花样C中的第8至16针编织，其余编织下针。注意减针的地方如图所示箭头所指地方。编织20行，中间下针剩2针，左右两边花样不变，各不加减针编织8cm，即32行，下一行在左右片中间加26针，形成一片编织，两侧9针花样不变，中间40针按花样E绞花花样编织，并且在两侧9针内侧减针编织，减针方法为：1-1-1，2-2-4，2-1-20，最后剩下2针时，下一行2针并为1针，共50cm，即193行，完成前片的编织。详细编织花样见花样A、花样B、花样C、花样D和花样E。

3.最后将毛线球缝在最顶部（毛线球见毛线球的制作方法）。

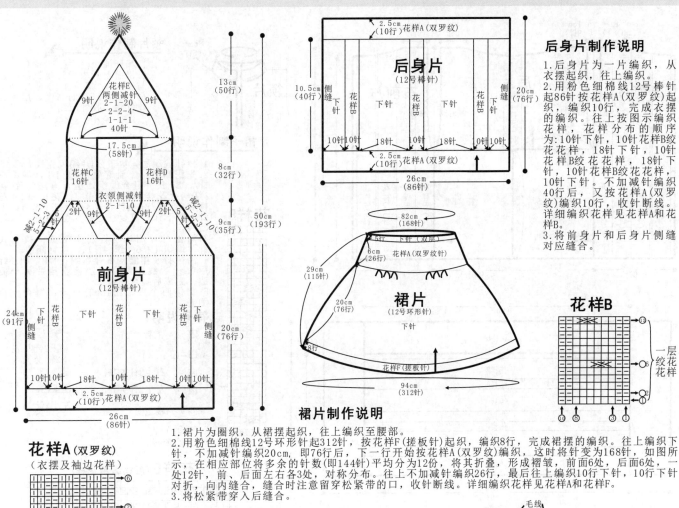

前身片（12号棒针）

后身片（12号棒针）

裙片（12号环形针）

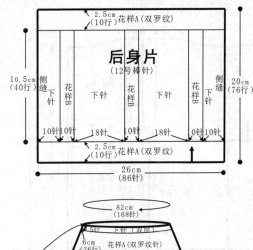

后身片制作说明

1.后身片为一片编织，从衣摆起织，往上编织。

2.用粉色细棉线12号棒针起86针按花样A（双罗纹）起织，编织10行，完成衣摆的编织。往上按图示编织花样，花样分布的顺序为：10针下针，10针花样B绞花花样，18针下针，10针花样B绞花花样，18针下针，10针花样B绞花花样，10针下针。不加减针编织40行后，又按花样A（双罗纹）编织10行，收针断线。详细编织花样见花样A和花样B。

3.将前身片和后身片侧缝对应缝合。

裙片制作说明

1.裙片为圈织，从裙摆起织，往上编织至腰部。

2.用粉色细棉线12号环形针起312针，按花样F（搓板针）起织，编织8行，完成裙摆的编织。往上编织下针，不加减针编织20cm，即76行，下一行开始按花样A（双罗纹）编织，这时将针变为168针，如图所示，在相应部位将多余的针数（即144针）平均分为12份，将其折叠，形成褶裥，前面6处，后面6处，一处12针，前、后面左右各3处，对称分布。往上不加减针编织26行，最后往上编织10行下针，10针下针对折，向内缝合，缝合时注意留穿松紧带的口，收针断线。详细编织花样见花样A和花样F。

3.将松紧带穿入后缝合。

花样B

花样A（双罗纹）
（衣摆及袖边花样）

4针一花样

花样C

2行一花样

花样E

符号说明：

左上2针与右下2针交叉

右上2针与左下2针交叉

2-1-2　行-针-次

右上1针与左下1针交叉

左上1针与右下1针交叉

毛线球制作方法

1.用毛线球制作器制作。

2.无制作器者，可利用身边废弃的硬纸制作。剪两块长约10cm、宽3cm的硬纸，剪一段长于硬纸的毛线，用于系毛线球，将剪好的两块硬纸夹住这段毛线（见上图）。下面制作毛线球球体，将毛线缠绕两块硬纸，绕得越密，毛线球越密实，缠绕足够圈数后，从硬纸板夹缝中缠绕的毛线系结，拉紧，用剪刀穿过另一端夹缝，将毛线剪断，最后将散开的毛线剪圆即成。

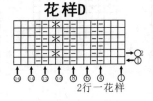

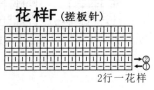

花样D

2行一花样

花样F（搓板针）

2行一花样

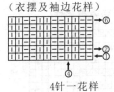

时尚女生套裙

【成品规格】 上衣长33cm，宽26cm，裙长54cm，宽25cm

【工　　具】 10号棒针

【编织密度】 10cm² =23针×28行

【材　　料】 黄色宝宝绒220g，上衣用120g，裙子100g

编织要点：

1.棒针编织法，上衣分5片编织完成，分为左前片、右前片、后片及2片后摆片来编织。

2.起织，先织后摆片。后摆片为横向编织，先织左侧片，下针起针法，起30针，起织花样E，按图示方法织36行后，收针断线。相同的方法相反方向编织右侧片，完成后缝合。在后摆片的上端挑针起织，挑起60针，起织时两侧需要同时减针织成袖窿，减针方法为：1-2-1，2-1-1，两侧针各减少3针，余下54针继续编织，两侧不再加减针，织至第41行时，中间留取32针不织，用防解别针锁住，两端相反方向减针编织，各减少2针，方法为2-1-2，最后两肩部余下9针，收针断线。

3.左前片与右前片的编织，两者编织方法相同，但方向相反，以右前片为例，右前片的右侧为衣襟边，起30针，先织6针花样C，再织6针花样C，间隔2针上针，再织6针花样B，最后织2针上针，2针下针，重复往上编织至48行，第49行起，左侧要减针织成袖窿，减针方法为：1-2-1，2-1-1，针数减少3针，余下27针继续编织，当衣襟侧编织至88行时，织片右侧留起16针不织，用防解别针扣住，向解别针织减针织成前衣领，减针方法为2-1-2，将针数少18针，肩部余下9针，收针断线。左前片的编织顺序与减针法与右前片相同，但是方向不同。

4.前片与后片的两侧缝对应缝合，两肩部对应缝合。

5.前片与后片的两肩部对应缝合。

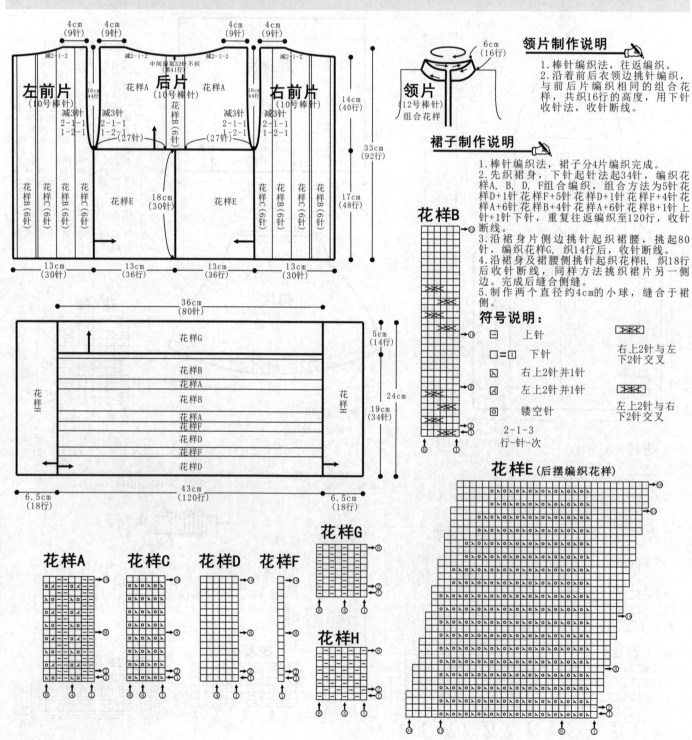

领片制作说明

1.棒针编织法，往返编织。
2.沿着前后衣领边挑针编织，与前后片编织相同的组合花样，共织16行的高度，用下针收针法，收针断线。

裙子制作说明

1.棒针编织法，裙子分4片编织完成。
2.先织裙身，下针起针法起34针，编织花样A，B，D，F组合编织，组合方法为5针花样D+1针花样F+5针花样D+1针花样F+4针花样A+6针花样B+4针花样A+6针花样B+1针上针+1针下针，重复往返编织至120行，收针断线。
3.沿裙身片侧边挑针起织裙腰，挑起80针，编织花样G，织14行后，收针断线。
4.沿裙身及裙腰侧边挑针起织花样H，织18行后收针断线，同样方法挑织裙片另一侧边。完成后缝合侧缝。
5.制作两个直径约4cm的小球，缝合于裙侧。

符号说明：

□　上针
□=回　下针
図　右上2针并1针
回　左上2针并1针
回　镂空针

右上2针与左下2针交叉

左上2针与右下2针交叉

2-1-3
行-针-次

可爱休闲公主裙

【成品规格】 身长50cm，肩宽28.5cm，无袖

【工　具】 8号环形针

【材　料】 单股灰色兔毛线350g

编织要点：

1. 棒针编织法，分为前身片1片、后身片1片编织。
2. 先编织前身片，起73针起织花样，共5组花样，每组由13针、12行组成，中间间隔1针上针，从13行开始，按照图解的方法编织方块花样，织至24行，从25针开始，衣身全织下针，并且，每8行减1针，两侧缝同时减针，各减少7针，减至80行，从81行开始，减针织袖隆，减针方法为2-1-3，然后不加减针织至88行，在89行时，中间留取21针不织，两侧同时减针织前衣领，减针方法顺序为：2-1-1，4-1-2，减至肩部余下13针，直接收针断线。详细编织方法见图1。
3. 编织后身片，后身片的织法与前身片相同，不同的是后衣领的织法，与前身片相同织法编织完成100行后，在101行的中间，取9针编织上针，其余编织下针，织至106行，从107行的中间，取15针不织，向两侧减针织后衣领，减针方法为：1-3-1，1-2-1，2-1-1，最后减至肩部余下13针，直接收针断线。
4. 心形口袋的编织，口袋正面全织下针，反面织上针，往返编织，从下往上织，先加针后减针，加减针方法见图2。完成后，在前身片的右下角，用少许黑色线将口袋用钩针钩1圈锁针缝合。
5. 缝合，将前后身片的肩部与侧缝对应缝合。
6. 衣领的编织，后衣领有个开口，形成这个开口的方法，即将衣领往返编织，不避开，沿着前后衣领边挑针织下针，返回织上针，共织20行，最后直接收针断线。完成后，衣领自然卷曲成形。

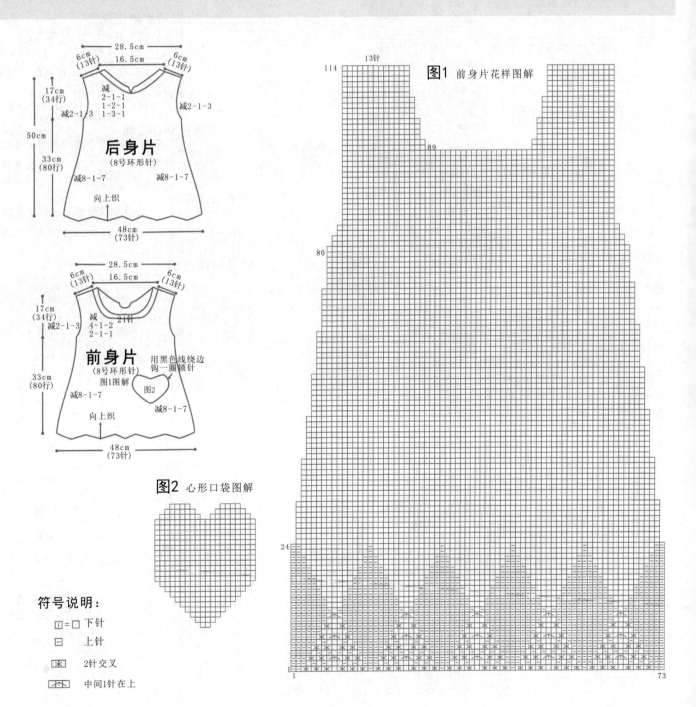

符号说明：

□ ＝ □ 下针

□ 上针

⊠ 2针交叉

⊡ 中间1针在上

图1 前身片花样图解

图2 心形口袋图解

甜美公主套装

【成品规格】衣长40cm，胸围32cm，袖长5cm，肩宽25cm

【工　　具】7号棒针，环形针，缝衣针，钩针

【材　　料】红色羊毛线800g

编织要点：

后片制作说明：
1. 后身片为一片编织，首先编织完成下摆边，收针断线后，再从下摆边花样开始处挑针编织，编织方向与下摆边编织方向相反，往上编织至肩部。
2. 挑60针编织后身片，共编织18cm后，即48行，从第49行开始袖窿减针，方法顺序为：1-5-1，2-2-1，2-1-1，后身片的袖窿减少针数为8针。减针后，不加减针往上编织至肩部。
3. 完成后，将后身片的侧缝与前身片的侧片对应缝合，肩部对应缝合10针。留出领窝针，连接继续编织帽子，可用防解别针锁住。

前片制作说明：
1. 前身片分为2片编织，左身片和右身片各1片，从衣摆起针编织，往上编织至肩部。
2. 起30针编织前身片，门襟方向加针编织，方法顺序为：2-2-6，1-1-2，共编织18cm后，即48行，从第49行开始袖窿减针，方法顺序为：1-5-1，2-2-1，2-1-1，前身片的袖窿减少针数为8针。减针后，不加减针往上编织至肩部。详细编织图解见图3。
3. 同样的方法再编织另一前身片，完成后，将两前身片的侧缝与后身片的侧缝对应缝合，肩部对应缝合10针。留出领窝针，连接继续编织帽子，可用防解别针锁住，领窝不加减针。

衣袖片制作说明：
1. 两片衣袖片，分别单独编织。
2. 从袖边起织，起39针编织图5花样，从第1行起要减针编织，两侧同时减针，减针方法如图，依次：1-1-8，1-2-2，最后余下15针，直接收针后断线。编织花样见图5。
3. 同样的方法再编织另一衣袖片。
4. 将两袖片的袖山与衣身的袖窿线边对应缝合，袖窿处两侧下方留3cm。

下摆边制作说明
1. 一片编织完成。先编织完成下摆边后再起针挑织身片。
2. 起60针按图1花样编织30cm×7cm的长方形，共编织18行后，收针断线。
3. 从起针方向另挑织后身片。

帽子制作说明
1. 一片编织完成。先缝合完成肩部后再起针挑织帽片。
2. 挑69针按图4花样编织38cm×25cm的长方形，共编织65行后，收针断线。
3. 帽顶对折，沿边缝合。

裙子制作说明
1. 圈织裙子，从下摆起针编织，往上编织至腰部。
2. 起156针编织，编织到51行时开始花样减针，共减少针数为76针，减针后，不加减针往上编织。详细编织图解见图6。
3. 不加减针编织14行下针，第15行时编织花样，然后，从第17行起，同样编织14行后，收针断线。与不加减针的下针对折缝合，将腰部变成双层。

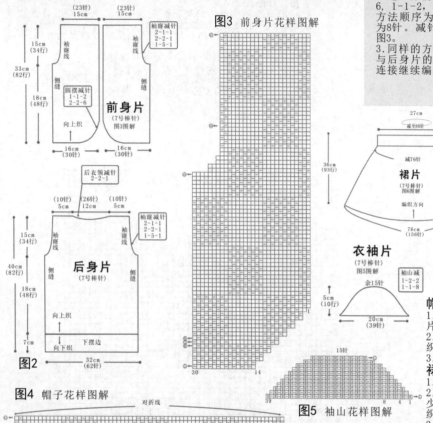

图2

图3 前身片花样图解

图4 帽子花样图解

图5 袖山花样图解

图1 裙边花样图解

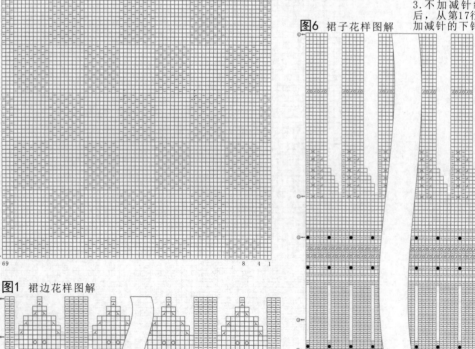

图6 裙子花样图解

装饰花边图解

小球织法

170

灰色叠层套装

【成品规格】 身长25.5cm，肩宽25cm，裙长24cm

【工　　具】 8号环形针

【材　　料】 单股灰黑色扁带线500g，纽扣3颗

编织要点：

1. 棒针编织法，分为前身片2片、后身片1片、裙片1片编织。

2. 先编织后身片，起58针起织花样，按照图解的花样一层层编织，两侧无加减针，织至46行，从下一行起减针织袖隆，减针方法为：1-3-1，2-1-4，然后不加减针织至67行，在第68行时，从中间取10针织上针花样，第69行全织下针，71行至74行按照图解的针数改变花样，第75、76行从两侧各取11针编织，中间不织。后衣摆边要编织两个凸作流苏装饰，从中间向两侧算起，各取15针编织，共织6行，这15针两侧同时减针编织，减针方法为1-1-5，最后剩余5针。直接收针断线，并系上流苏。

3. 编织前身片，前身片分为2片编织，以右前身片为例，起37针起织花样，从左边算起取5针织衣襟花样，不改变针数，从下往上织至肩部，余下的针数按照图1的方法编织花样，右侧不加减针织至46行时，从下一行开始减针织袖隆，减针方法为：1-3-1，2-1-4，衣襟这边，在5针衣襟的内侧，织至40行时，向右减针织衣领，减针方法为：2-1-8，4-1-4，将针数最后减至11针，织片共织76行。同样的方法再编织左前身片，在每片的衣摆边，均匀系上两段流苏。

4. 裙片的编织，用圈织的方法，起114针起织，从下往上织，无加减针，按照图3的花样图解一一编织，图2的花样为单面花样，编织两个相同的单面花样即可。

5. 缝合，将前后身片的侧缝对应缝合，将肩部对应缝合。

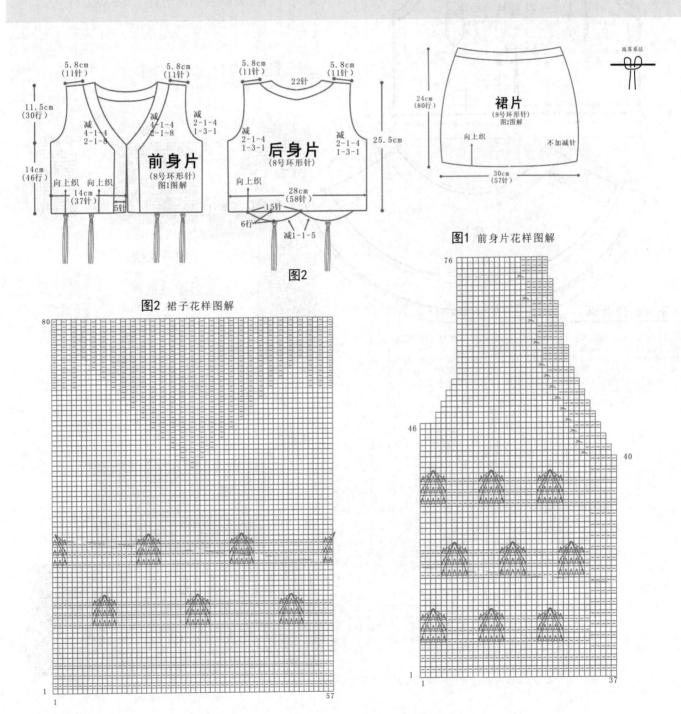

图2 裙子花样图解

图1 前身片花样图解

淡雅紫色套裙

【成品规格】衣宽30cm，衣长28cm，裙子宽55cm，衣裙长26.5cm

【工　　具】8号棒针、8号环形针、2.5号钩针

【编织密度】小背心10cm²＝24针×35行
　　　　　　裙子10cm²＝22.4针×34.3行

【材　　料】紫色兔毛350g，纽扣3颗

编织要点：

1.衣身片为一片编织，从衣摆起织，往上编织至肩部。

2.衣身片下部分分为2片，先编织左片，用8号棒针起72针起织，往上按花样C(搓板针)编织，衣襟边为2针下针，往上编织8行，第9行开始按花样A编织，花样为8针20行一花样，其中4针为上拉针花样，其余4针上针编织，4针上拉针花样编织至第5行时，第1针编织下针，然后在下5行的4针中间插针，拉出线，第2、3针编织下针，又在同样的地方拉出线，第4针编织下针，在下一行处，2针拉线与相邻的针并为1针，编织10行后，完成第一层花样，编织第二层花样，花样与第一层交错编织，见花样A，编织10行后，完成第二层花样的编织。往上编织第三层花样，花样与第二层交错编织，编织10行后，完成第三层花样的编织。现在编织至38行，完成花样A的编织，往上按花样C(搓板针)编织7行，完成左片的编织，共45行。

3.按相同方法编织右片，第46行时将两片连成一片编织。按花样J编织2行镂空花样，再往上继续编织，除后片的正中间11针按花样D镂空花样编织，左右衣襟旁5针按花样C(搓板针)编织外，其余按花样B镂空花样均匀分布编织。往上编织5行后，开始袖隆减针，往上分为3片编织，先编织左片，袖隆减针方法顺序为：1-2-1，2-2-1，2-1-2，往上编织17行后，又开始前衣领减针，减针方法顺序为：1-2-1，2-1-8，4-1-3，肩部剩17针，共编织28cm，即98行，收针断线。按相同方法编织右片。最后编织后片，袖隆减针方法同左右片，一直编织至98行，从织片的中间留18针不织，可以收针，亦可以留作编织衣领连接，可用防解别针锁住，两侧余下的针数，衣领侧减针，方法为2-1-4，最后两侧的针数余下17针，收针断线。

4.将两肩部对应缝合。

5.沿着衣领边挑针起织衣领，挑出的针数，要比沿边的针数稍多些，然后按照花样E花样，编织5行后，收针断线。用2.5号钩针如图示沿衣领边钩1圈狗牙针。用2.5号钩针如图示沿袖隆钩一圈短针。

6.取两根相同长的毛线，将其扭成麻花状，扭至差不多长的时候，尾部打结。将此麻绳从后片开衩处，沿两边将绳穿入，像系鞋带一样，穿好后，系成蝴蝶结，完成。

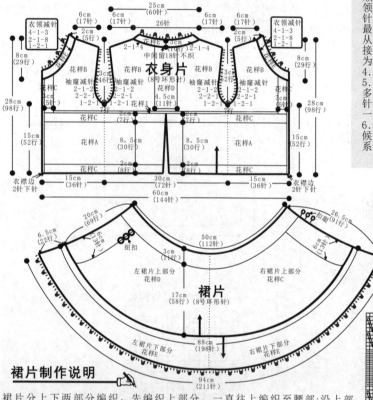

裙片制作说明

1.裙片分上下两部分编织，先编织上部分，一直往上编织至腰部；沿上部分裙边挑针起织，编织下部分，一直往下编织至裙摆。

2.用8号环形针起198针起织，按花样F往上编织(花样C和花样D一起编织)。先编织2行搓板针，第3行两边各留13针按花样编织，花样为左上3针并1针，再编出3针的加针，花样以1针下针相间，两行编完1个花样，下行的花样与上行花样交错编织。裙片中间为搓板针编织至第6行，第7行起，裙两边的花样不变，中间花样按花样C、D均匀分布编织，花样为10针10行1个花样，其中4针为上拉针花样，其余6针为上针编织，4针上拉针花样编织至第5行时，第1针编织下针，然后在下5行的4针中间插针，拉出线，第2、3针编织下针，又在同样的地方拉出线，2针拉线与相邻的针并为一针；其余6针按花样在相应处减2针，编织10行后，完成1层花样的编织。继续往上编织第二层相同花样，花样与第一层花样交错排列，但现在1个花样变为8针，4针上拉线花样，其余4针同样为上针编织，并且按同样方法在相应处也减2针，编织10行完成第二层花样的编织。继续往上编织第三层相同花样，花样与第二层花样交错排列，但现在1个花样变为6针，4针上拉线花样，其余2针同样为上针编织，按同样方法编织，编织10行完成第三层花样的编织。往上编织37至40行，按花样在相应处减8针。再往上为花样搓板针，第37行，按花样在相应处减8针。再往上为第四层与前面相同花样，花样按花样图解均匀分布，同第二层花样为8针，4针上拉线花样，其余4针为上针编织，不加减针往上编织10行，完成第四层花样的编织。这时已编至50行，往上10行编织搓板针，第51行按图解减8针。剩下112针，再往上不加减针编织，花样为4针1个花样，用2行为搓板针，另2针为花样，编织9行后，再编织两行搓板针，共69行，收针断线。详细编织图解见花样F。

3.用8号环形针沿上部分裙边挑针起织，挑211针，按花样H编织，花样为11针8行1个花样，其中11针中5针为浮针花样，其余6针为搓板针，均匀分布编织，两边各4针为搓板针，先编织1行下针，上1行每5针2行3次浮针，下一行第3针与浮针一起编织中心针，完成浮针花样的编织。往上2行为镂空花样的编织，这时完成1层花样的编织。往上再编织10行完成第二层花样的编织，最后再编织2行搓板针，共22行，收针断线。详细编织图解见花样F。

4.用2.5号钩针如图示沿裙边钩1圈狗牙针。

5.如图所示，在左裙片相应处缝上3颗纽扣，并在右裙片在对应处用2.5号钩针钩编3个扣眼。

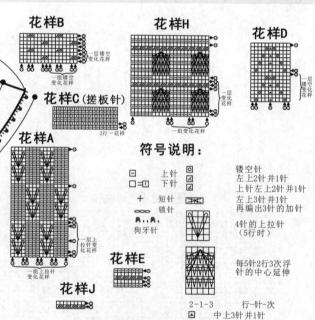

符号说明：

符号	说明	符号	说明
上针		镂空针	
下针		左上2针并1针	
短针		上针左上2针并1针	
锁针		左上3针并1针再编织出3针的加针	
狗牙针		4针的上拉针(5行时)	
		每5针2行3次浮针的中心延伸	

2-1-3　行-针-次
中上3针并1针

花样F

(以裙子右边上部分花样图解为例子，裙子左边上部分花样图解与裙子右边对称)

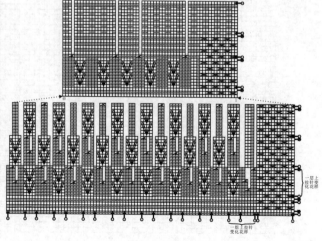

横条纹休闲装

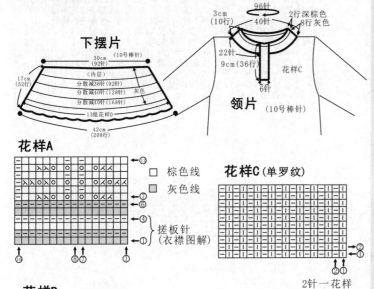

【成品规格】 衣长43cm，胸宽29cm，肩宽25cm，袖长30cm，下摆宽42cm

【工　　具】 10号棒针，10号环形针

【编织密度】 10cm²＝30针×37行

【材　　料】 灰色腈纶线300g，棕色腈纶线100g，扣子3颗

编织要点：

1.棒针编织法，从下往上编织，分下摆片、前片、后片、袖片编织。

2.下摆片的编织。下摆片分成内层和外层组成，再将2片合并为1片。

(1)内层的编织。内层够长，起416针，分成26组花样D进行编织。先用棕色线编织2行搓板针，再用灰色线编织2行搓板针，再用棕色线编织2行搓板针，下一行起，全用灰色线编织，编织花样B，但在每编织10行时，进行一次分散减针，一圈分散减针80针，余下336针，在编织第2个10行时，一圈分散减针80针，余下256针，在编织第3个10行时，一圈分散减针72针，余下184针，无加减针再织10行，完成内层的编织，共52行，184针。不收针。下一步编织外层。

(2)外层的花样编织与内层相同。起织的花样与内层相同，但外层的配色不同，参照花样A进行配色，而以上全用棕色线编织。同样每织10行分散减1次针。只减2次针，共织成52行，184针一圈。与内层一针对应一针合并。

3.袖隆以上的编织。合并后共184针，用灰色线起织，先织4行搓板针，再织9行下针，在编织第10行时，将织片对折，取两端减针，前片两边各减1针，后片两边各减1针，然后下一行用棕色线编织2行下针。然后用灰色线编织10行下针，同样在第10行的两边减针，每边减1针，再用棕色线再织第2个10行下针，不减针，再用灰色线织10行下针，不减针。再用棕色线织2行下针。完成袖隆以下的编织。

4.袖隆以下的编织。

(1)前片的编织。起织88针，继续10行灰色线，2行棕色的配色组合。两边同时收针4针，然后每织2行两边各减1针，织成6次，织成12针，再织4行后，进入衣领门襟的编织，中间选6针，与右边的31针作一片编织，这6针编织花样C单罗纹，同样配色编织，右边的31针全织下针，在编织过程，门襟上要制作2个扣眼。无加减针往上编织26行后，进入右边衣领减针，六襟单罗纹花样的6针与往右算起6针，用防解别针锁住不织。织片向右减针，每织1行减3针，减2次，然后每织2行减2针减1次，最后每织2行减1针减4次，织成12行，然后无加减针再织22行下针后，至肩部余下13针，不收针，用防解别针扣住不织。而另一半，31针下针，再在右边的门襟的6针后面，同一针脚上挑出6针，这6针编织单罗纹，然后无加减针织26行的高度，余下的织法与右片相同。至肩部余下13针，用防解别针扣住不织。

(2)后片的编织。起织88针，继续10行灰色线，2行棕色的配色组合。两边袖隆减针与前片相同。减针后，无加减针再织42行后，进入后衣领减针，中间选取28针收针断线，两边减针，每织2行减1针，共减3次。两边肩部余下13针，与前片的肩部对应缝合。

5.袖片的编织，从袖口起织，单罗纹起针法，用棕色线起88针，编织2行单罗纹，然后改用灰色线编织12行，在织最后一行时，分散加针，加20针，将针数加成64针一圈，然后开始进行10行灰色2行棕色的配色编织，并选其中的2针作加针，在这2针上，每织6行加1次针，共加8次，针数加成80针，无加减针再织10行，至袖隆。以加针的2针为中心，向两边减针，各减4针，环织变为片织，每织2行减2针，共减9次，然后每织2行减1针，共减8次。最后袖山部余下20针，收针断线。相同的方法去编织另一袖片。然后将袖山边缘与衣身的袖隆边对应缝合。

6.领片的编织。挑出前片留出的针，再沿着前衣领边再挑16针，而后沿后衣领边挑40针，再到前衣领挑16针，再挑出留出的针数，一圈共96针，起织用灰色线，织8行单罗纹，再用棕色线再织2行单罗纹。在右边衣领侧边内，制作1个扣眼。完成后收针断线。

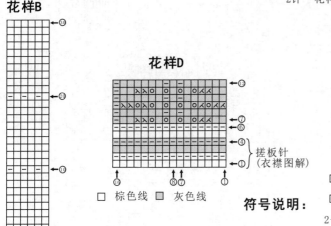

下摆片

30cm（10号棒针）

17cm（52行）

（内层）
分散减36针（92针）
分散减40针（128针）
分散减40针（168针）
13组花样D

42cm（208行）

3cm（10行）　　96针　　2行深棕色

40针　　8行灰色

领片（10号棒针）

22针
9cm（36行）　花样C

6针

花样A

□ 棕色线
■ 灰色线

搓板针（衣襟图解）

花样C（单罗纹）

2针一花样

花样B

花样D

搓板针（衣襟图解）

□ 棕色线　■ 灰色线

符号说明：

□ 上针
□＝□ 下针
2-1-3 行-针-次

↑ 编织方向
区 左并针
区 右并针
回 镂空针

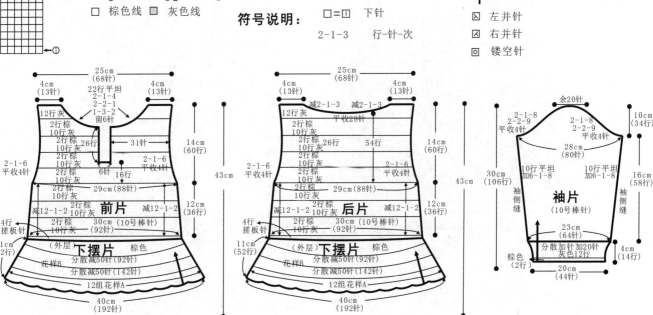

前片（10号棒针）

25cm（68针）
4cm（13针）　　4cm（13针）
22行平坦
2-1-4
2-2-1
1-3-2
留6针
12行灰
2行棕
10行灰
26针　　31针
2行棕
10行灰
2行棕
10行灰
6针　16行
2-1-6 平收4针
2-1-6 平收4针
减12-1-2
2行棕
10行灰
4行搓板针
2行棕
10行灰
14cm（60行）
12cm（36行）
43cm
（外层）下摆片　棕色
11cm（52行）
花样B
分散减50针（92针）
分散减50针（142针）
12组花样A
40cm（192针）

后片（10号棒针）

25cm（68针）
4cm（13针）　　4cm（13针）
减2-1-3　减2-1-3
平收28针
12行棕
2行棕
10行灰
26针　　54针
2行棕
10行灰
2行棕
10行灰
2-1-6 平收4针
2-1-6 平收4针
减12-1-2
2行棕
10行灰
4行搓板针
2行棕
10行灰
14cm（60行）
12cm（36行）
43cm
（外层）下摆片　棕色
11cm（52行）
花样B
分散减50针（92针）
分散减50针（142针）
12组花样A
40cm（192针）

袖片（10号棒针）

余20针
2-1-8
2-2-9 平收4针
2-1-8
2-2-9 平收4针
10cm（34行）
28cm（80针）
10行平坦
加6-1-8
10行平坦
加6-1-8
袖侧缝　袖侧缝
30cm（106行）
16cm（57行）
23cm（64针）
分散加针20针 灰色12行
棕色（2行）
20cm（44针）
4cm（14行）

浅色层叠公主裙

【成品规格】 衣长48 cm，胸围54 cm，肩宽23cm

【工　　具】 11号棒针

【编织密度】 10cm² =28针×40行

【材　　料】 蓝色宝宝绒250g

编织要点：

前身片制作说明：

1. 前身片和后身片同，也为一片编织，从衣摆起织，往上编织至肩部。
2. 领部以下编织花样按图1花样编织，加减针同后身片相同，袖窿减针后，不加减针往上编4.5cm高度后，从织片的中间留10针不织，可以收针，亦可以留作编织衣领连接，可用防解别针锁住，两侧余下的针数，衣领侧减针，方法为：2-2-3，3-1-3，4-1-4，最后两侧的针数余下15针，收针断线。详细编织图见图1。
3. 完成后，将前身片的侧缝与后身片的侧缝对应缝合。最后沿着衣领边挑针起织，挑出的针数，要比衣领沿边的针数稍多些，按图解3编织花样，共编织13行后，收针断线。

后身片制作说明：

1. 后身片为一片编织，从衣摆起织，往上编织至肩部。
2. 衣服先编织后身片，起86针按图2下摆花样编织11行，从12行往上编织下针，编织至22行，第23行按图样减针。
3. 另起88针，编织2行上针，第3行至第7行按图2花样编织，第8行开始编织下针，编至10行，第11行至13行按图2减针。
4. 将第2步骤的第24行与第3步骤的第13行合并成1行，并按图2减针。第25行往上按图2花样编织，并按图2减针，一直编织至25cm，即99行。第100行开始袖窿减针，减针顺序为：1-2-1，3-1-3，后身片的袖窿减少针数为5针，减针后，不加减针往上编7cm的高度后，从织片的中间留12针不织，可以收针，亦可以留作编织衣领连接，可用防解别针锁住，两侧余下的针数，衣领侧减针，方法为：1-2-3，3-1-6，最后两侧的针数余下15针，收针断线。详细编织图解见图2。衣领编织见图3图示及图3图解。

符号说明：

- □　上针
- □=□　下针
- ⊙　镂空针
- ⊠　右上2针并1针
- ⊠　左上2针并1针
- ⊞　上针中上3针并1针
- ⊡　扭针
- 3-1-3　行-针-次

图1　前身片花样图解

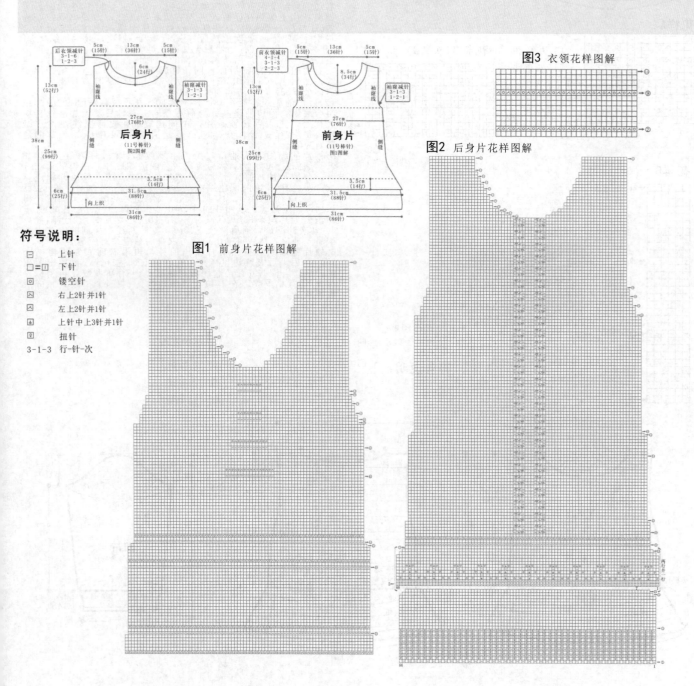

图3　衣领花样图解

图2　后身片花样图解

艳丽迷人娃娃裙

【成品规格】衣长54cm，胸围21cm，肩宽16cm

【工　　具】7号棒针，缝衣针，钩针

【编织密度】10cm² =21针×25.5行

【材　　料】红色羊毛线380g

编织要点：

前身片制作说明：
1. 前身片为一片编织，从衣摆起织，往上编织至肩部。
2. 起77针编织，编织到38cm后，即96行，从第97行开始袖窿减针，方法顺序为2-1-4，前身片的袖窿减少针数为4针。减针后，不加减针往上编织至肩部；从第103行时开始胸前褶减针，褶是合并减针后形成，合并减针方法是如图1图解中所标注数字对应合并编织，褶共减32针。编织至50cm的高度后，从织片的中间收15针，两侧余下的针数，衣领侧减针，方法为：2-2-1，2-1-2，最后两侧的针数余下8针，收针断线。详细编织图解见图1。
3. 完成后，将前身片的侧缝与后身片的侧片对应缝合，肩部对应缝合。
4. 沿领边、袖窿边钩出装饰边。

后身片制作说明：
1. 后身片为一片编织，从衣摆起织，往上编织至肩部。
2. 背心先编织后身片，起77针编织，编织到21时开始花样减针，共减38针，减针后变换花样编织到肩部。共编织38cm后，即96行，从第97行开始袖窿减针，方法顺序为2-1-4，后身片的袖窿减少针数为4针。减针后，不加减针往上编织至肩部。编织至50cm的高度后，从织片的中间收13针，两侧余下的针数，衣领侧减针，方法为：2-1-3，2-2-1，最后两侧的针数余下8针，收针断线。详细编织图解见图2。
3. 完成后，将后身片的侧缝与前身片的侧片对应缝合，肩部对应缝合。

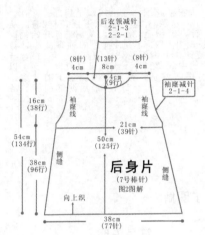

后衣领减针
2-1-3
2-2-1

(8针) (13针) (8针)
4cm 8cm 4cm

4cm
(9针)

袖窿减针
2-1-4

16cm
(38行)

袖窿线　袖窿线

21cm
(39针)

50cm
(125行)

54cm
(134行)

侧缝　　侧缝

后身片
(7号棒针)
图2图解

向上织

38cm
(77针)

38cm
(96行)

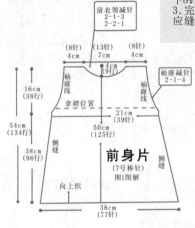

前衣领减针
2-1-3
2-2-1

(8针) (13针) (8针)
4cm 7cm 4cm

4cm
(9针)

袖窿减针
2-1-4

16cm
(38行)

袖窿线

拿褶位置

21cm
(39针)

50cm
(125行)

54cm
(134行)

侧缝　　侧缝

前身片
(7号棒针)
图1图解

向上织

38cm
(77针)

38cm
(96行)

符号说明：

□　上针
□=▣　下针
○　镂空针
⟋　左上2针并1针
+　短针
◠　辫子针

小球织法
●=　二
2-1-1　行-针-次

图2　后身片花样图解

图1　前身片花样图解

钩边花样图解

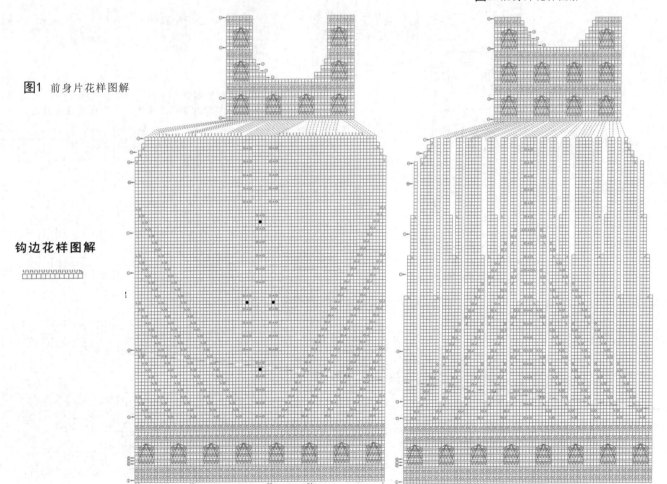

粉嫩可爱公主装

【成品规格】 衣长71cm，胸围103cm，袖长53cm，肩宽36cm

【工　　具】 7号棒针

【编织密度】 10cm² =17针×24行

【材　　料】 兔毛线350g

编织要点：

前身片制作说明：

1. 前身片由下部裙片及上部左右身片三部分的组合编织而成，从衣摆起织，往上编织至肩部。详细按图1、图2、图3前身片花样图解编织。

2. 先编织图1，起织与后身片相同，前身片起77针，编织2行下针，从第3行起，编织下摆花样2遍。从第25行开始全部编织下针，不加减针编织至32cm，84行时前身片的衣裙部分完成。

3. 从前身片中间的C处开始向上编织前身片A，详细按图2图解编织。从第85行开始袖窿减针，方法顺序为：1-6-1，2-1-1。减针后，不加减针往上编织至36cm的高度，第105行开始前衣领减针，方法为：1-4-1，2-3-1，2-2-1，2-1-1，最后肩部针数余下17针，编织118行结束，收针断线。

4. 从前身片中间的D处开始向上编织前身片B，衣领边重叠处将前身片A放在外层，详细按图3图解编织。袖窿、衣领减针同前身片A对称，编织118行，针数17针，收针断线。

5. 将前后的两肩部对应缝合，再将前后身片的两侧缝对应缝合。

6. 按图4花样编织前身片心形花样，用钩针钩一段锁针作茎，后身片的2片叶子织法见小叶子图解和大叶子图解，将装饰缝合到前后身片上。

后身片制作说明：

1. 后身片为一片编织，从衣摆起织，往上编织至肩部。

2. 起77针，编织2行下针，从第3行起，编织下摆花样2遍。从第25行开始全部编织下针，编织至33cm后，从第85行开始袖窿减针，方法顺序为：1-6-1，2-1-1，后身片的袖窿减少针数为8针。减针后，不加减针往上编织至36cm的高度，第113行开始后衣领减针，在织片的中间留21针不织，可以收针，亦可以留作编织衣领连接，可用防解别针锁住，两侧余下的针数，在衣领侧减针，方法为：2-2-1，2-1-1，最后两侧的针数各余下17针，收针断线。

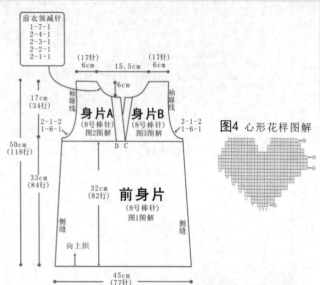

前衣领减针
1-7-1
2-4-1
2-3-1
2-2-1
2-1-1

（17针）6cm　　（17针）6cm
15.5cm
6cm

袖窿线　身片A（8号棒针）图2图解　身片B（8号棒针）图3图解　袖窿线

D C

2-1-2 1-6-1　　　　2-1-2 1-6-1

17cm（34行）

50cm（118行）

33cm（84行）

32cm（82行）
前身片（8号棒针）图1图解

侧缝　　向上织　　侧缝

45cm（77针）

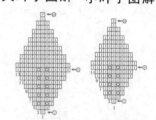

图4 心形花样图解

衣领边制作说明

前后身片的肩缝缝合好后，沿着衣领边挑针起织，然后编织1针上，1针下1行后收针断线。

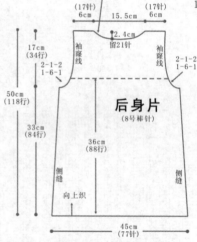

后衣领减针
2-1-1
2-2-1

（17针）6cm　　（17针）6cm
15.5cm

2.4cm　留21针
袖窿线　　　　　袖窿线

17cm（34行）

2-1-2 1-6-1　　　　2-1-2 1-6-1

50cm（118行）

33cm（84行）

后身片（8号棒针）

36cm（88行）

侧缝　　向上织　　侧缝

45cm（77针）

大叶子图解　小叶子图解

符号说明：

- □ 上针
- □ = □ 下针
- 回 镂空针
- 左上2针并1针
- 右上2针并1针
- 右上1针交叉
- 左上1针交叉（上针）
- 右上1针交叉（上针）
- 2-1-3　行-针-次

图1 前身片花样图解
前身A，从C处开始向上编织，叠加在前身边另处

D C

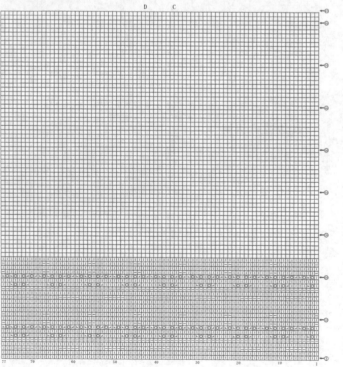

图2 前身片A花样图解　　**图3** 前身片B花样图解

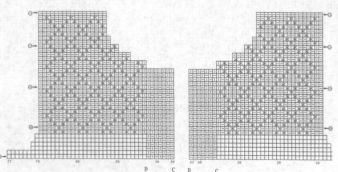

D C　　D C

明艳女孩装

【成品规格】 衣长22cm，肩宽27cm，裙长25cm，裙腰26cm

【工　　具】 12号棒针，12号环形针，1.75mm钩针

【编织密度】 10cm² =28针×42行

【材　　料】 红色绒线500g

编织要点：

1.棒针编织法，一片编织完成，起织，下针起针法起2针，起针后往返都编织下针，花样织法按花样A，在织片两边同时进行加针，方法为2-1-15，编织至30行时针数加至32针，随后进行减针，方法为4-1-3，编织10.5cm，45行的高度时针数为26针，第46行进行缩针，方法是散减10针，剩余16针，继续编织单罗纹18行至14.5cm，64行。

2.第65行、第66行扩针编织，方法为每针放2针，第66行多加放2针，总针数放成66针，第67行分配针数编织花样，织片右边的14针编织花样D，中间12针编织花样C，剩余40针编织花样B，照此花样分布编织58cm，240行。

3.第305行、第306行进行缩针编织，方法为2针并1针，针数减为16针，编织单罗纹18行，针数留在针上。另拿线从16针单罗纹的起针处对应挑出16针，此16针也编织单罗纹18行，与前面的16针单罗纹等长对齐，上下2针并1针，将针数并为16针。

4.第325行将16针均匀加针至26针，对称编织花样A，收针断线。

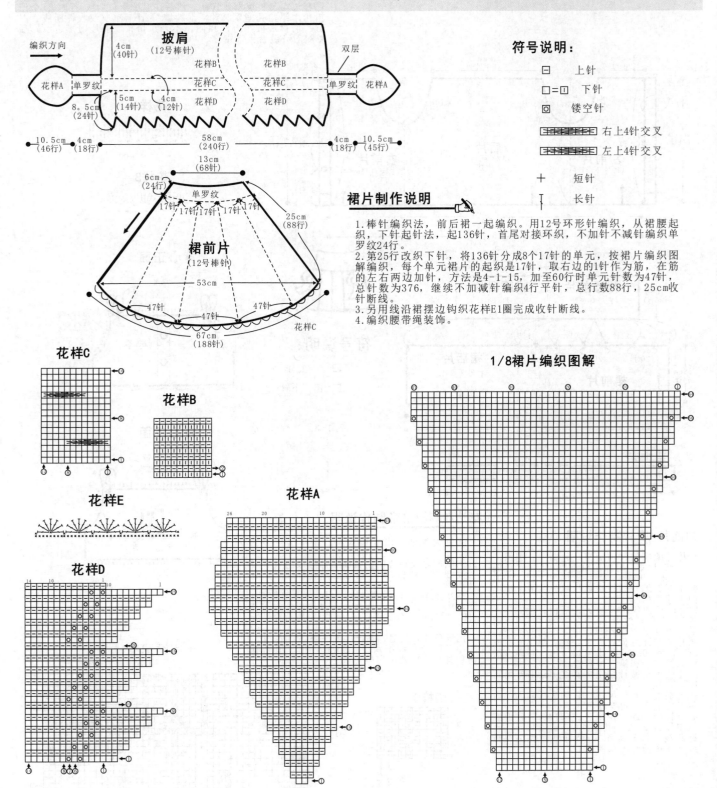

符号说明：

□ 上针
□=Ⅰ 下针
◎ 镂空针
右上4针交叉
左上4针交叉
十 短针
Ⅰ 长针

披肩（12号棒针）

编织方向

4cm（40针）　花样B　双层　花样B
花样A　单罗纹　花样C　花样C　单罗纹　花样A
8.5cm（24针）　5cm（14针）　4cm（12针）　花样D　花样D
10.5cm（46行）　4cm（18行）　58cm（240行）　4cm（18行）　10.5cm（45行）

裙片制作说明

1.棒针编织法，前后裙一起编织。用12号环形针编织，从裙腰起织，下针起针法，起136针，首尾对接环织，不加针不减针编织单罗纹24行。

2.第25行改织下针，将136针分成8个17针的单元，按裙片编织图解编织，每个单元裙片的起织是17针，取右边的1针作为筋，在筋的左右两边加针，方法是4-1-15，加至60行时单元针数为47针，总针数为376，继续不加减针编织4行平针，总行数88行，25cm收针断线。

3.另用线沿裙摆边钩织花样E1圈完成收针断线。

4.编织腰带绳装饰。

裙前片（12号棒针）

13cm（68针）
6cm（24行）　单罗纹
17针 17针 17针 17针 17针
25cm（88行）
53cm
47针　47针　47针
67cm（188针）　花样C

花样C

花样B

花样E

花样D

花样A

1/8裙片编织图解

177

青青女孩套裙

【成品规格】衣长17cm，衣宽31.5cm，
裙长28cm，裙腰32cm

【工　　具】12号棒针，12号环形针，
1.75mm钩针

【编织密度】白色线下针 10cm² =24针×36行
绿色线下针 10cm² =32针×42行
绿色线单罗纹 10cm² =50针×42行

【材　　料】宝宝绒线共400g
（白色共100g，
绿色共300g）

编织要点：
1.棒针编织法，用白色线编织身片部分，袖窿以下一片编织完成，袖窿起分为左前片、右前片、后片来编织。织片较大，可采用环形针编织。
2.起织，下针起针法，起152针，起针后编织下针，不加针不减针编织11cm40行的高度，袖窿以下编织完成。
3.分配后身片的针数76针到棒针上，用12号针编织，起织时两侧需要同时减针织成袖窿，减针方法为：2-3-1，2-2-1，2-1-5，两侧针数各减少10针，余下56针继续编织，两侧不再加减针，织至第46行后收针断线。
4.左前片与右前片的编织，两者编织方法相同，但方向相反。以右前片为例，右前片的右侧为衣襟，起织时不加减针，左侧要减针织成袖窿，减针方法为：2-3-1，2-2-1，2-1-5，针数减少10针，余下28针继续编织，织至46行后，收针断线。左前片的编织顺序与减针法与右前片相同，但是方向相反。
5.另用棒针在前片编织门襟边，以右前片为例，方法是沿前片右边均匀挑单罗纹46针，然后往返编织单罗纹4行时开2个纽扣孔，纽扣孔间距22针，继续编织4行后单罗纹收针断线。左前片门襟边编织方法相同，不开纽扣孔。前片门襟边织好后重叠对齐缝合上下端部。

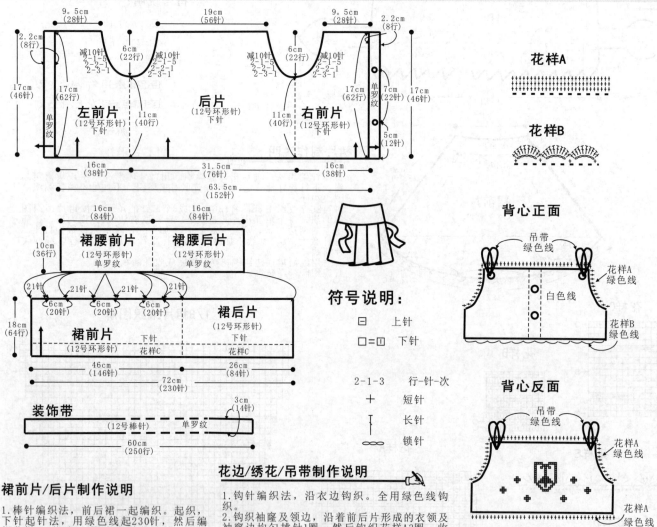

花样A

花样B

符号说明：

□　　上针

□=回　　下针

2-1-3　行-针-次

＋　　短针

│　　长针

⊖⊖⊖　　锁针

背心正面

背心反面

十字绣图案

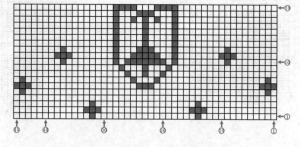

裙前片/后片制作说明

1.棒针编织法，前后裙一起编织。起织，下针起针法，用绿色线起230针，然后编织花样C，共7行，第8起编织下针，不加针不减针编织57行后裙片部分完成，继续向上编织裙腰。
2.第65行改织单罗纹针，后裙片的84针直接改织单罗纹针法，前片需要打3个褶皱，方法是先编织21针单罗，第22针处将裙片的20针对折到后面，然后与正面的针3针并1针10次，继续编织11针，同样方法编织第二个和第三个褶皱。
3.裙腰不加减针编织单罗纹10cm36行的高度，裙腰正面完成，继续编织8行单罗纹作为翻边，收针断线。将翻边折向内部均匀对应缝合，可穿松紧带。
4.装饰带编织，用绿色线起14针，往返编织单罗纹针法，共编织60cm，250行，收针断线，同样编织2条装饰带，将编织带缝合在裙前片上部两边。

花边/绣花/吊带制作说明

1.钩针编织法，沿衣边钩织。全用绿色线钩织。
2.钩织袖窿及领边，沿着前后片形成的衣领及袖窿边均匀挑针1圈，然后钩织花样A3圈，收针断线。
3.钩织衣摆边，沿着前后衣摆边均匀挑针1圈，钩第二圈，第三圈时，前身片部分钩织花样B，后身片部分钩织花样A，3圈完成后收针断线。
4.用绿色线在后身片按十字绣图案绣制花样。
5.用三股绿色线编织辫子，25cm长4根，缝合在前后身片的肩处作为吊带。

花样C

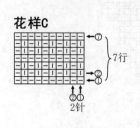

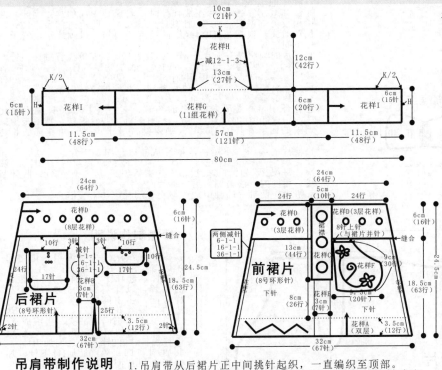

超个性套裙

【成品规格】裙子宽32cm，长24.5cm；
小坎肩宽40cm，高14cm

【工　　具】8号棒针，8号环形针，
2.5号钩针

【编织密度】10cm² =21针×33.5行

【材　　料】灰色粗羊毛线400g，
纽扣16颗，
按扣3对

编织要点：

1.小坎肩用灰色粗羊毛线8号棒针起121针按花样G叶子镂空花样起织，花样G为11针一组花样，共排11组花样。编织20行后，从中间留出27针不织，其余针收针断线。27针往上继续编织，按花样H花样编织，并两侧减针，减针方法顺序为12-1-3，编织至36行，剩余21针，不加减针往上编织6行后，收针断线。注意小球的编织，1针内加出3针，来回编织5行后，再收出1针，形成小球。详细编织花样见花样G及花样H。

2.沿花样G两端挑针起织，挑15针，按花样I花样编织，编织48行后，收针断线。

3.最后如图所示，将H边与H边对应缝合，最后将K边与两K/2对应缝合。

裙身片制作说明

1.裙身片前后片一起编织。衣身片分两部分编织，从下往上编织18.5cm后，收针断线。上面腰部为横向编织，编织完后缝在裙身片上，左右两片裙襟另处起织，编织好后缝在相应部位。

2.裙身片用灰色粗羊毛线8号环形针起134针按花样A、花样B（前后片正中间各7针）和花样E（前后片两侧各2针）起织，先为一片编织，如花样A所示，从正中间对折，下一行将两行并为1行编织，使裙摆形成狗牙边，花样B为2根鱼骨与3针上针相间，花样C为一根鱼骨与2针上针相间。往上编织下针，前后片正中间各7针及两侧各2针继续按花样E编织。编织13行后，下一行将前后片串为圈织。继续往上编织，前后片两侧及后片花样B两侧减针编织，减针方法顺序为：36-1-1，16-1-1，6-1-1，编织至38行时，前片正中间花样B7针，即正中间的11针，收针断线，裙襟另外起织。下一行起又为一片编织。编织至58行时，针数为105针，往上不加减针编织至61行时，编织前片的右边裙襟侧8针，与之编织6行后，假口袋上面8针上针并为一体，并在前片左边裙襟侧8针也对应编织上针。最后编织1行下针，收针断线，完成裙片下部分的编织。继续将假口袋的另外边用缝衣针缝在裙片上（假口袋的编织方法见花样F，最后剩余8针用防解别针锁住，将其余边用钩针钩1圈逆短针）。详细编织花样见花样A、花样B、花样E及花样F。

3.裙腰部用灰色粗羊毛线8号棒针起16针按花样D绞花变化花样编织，编织14层花样后，收针断线。将此片用缝衣针缝在裙身片下部分，形成一体，最后在14层花样上针所形成的窝内缝上纽扣。详细编织花样见花样D。

4.裙襟边用灰色粗羊毛线8号棒针起10针按花样C（搓板针）起织，共编织44行（即13cm）后，收针断线。相同方法编织另一裙襟边。将两片裙襟边用缝衣针缝在前裙片左右相应部位。最后在右两侧裙襟边上按图示要求，要制作相应数目的扣眼，扣眼的编织方法为，在当行收起数针，在下一行重起这些针数，这些针数两侧正常编织。详细编织花样见花样C。

5.最后用黑色粗羊毛线在前身片假口袋上绣上花儿花样；在前身片左下部绣上波浪花样；在后身片图示地方用黑色毛线绣上一大一小两个假口袋花样。

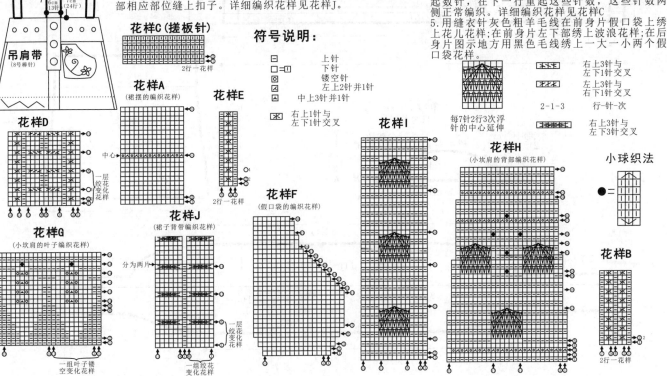

吊肩带制作说明

1.吊肩带从后裙片正中间挑针起织，一直编织至顶部。
2.用灰色粗羊毛线8号棒针从后裙片中间挑13针按花样J起织，花样J为两6针绞花花样与1针上针相间，往上编织4层花样后，将中间一层上针收针，左右两绞花花样继续往上编织，现分为两片裙带编织。共编织36层花样，即216行（即60cm）后，收针断线。两肩带与前片连接可以扣扣子连接，但需在两肩带相应部位开扣眼，扣眼的编织方法为，在当行收起数针，在下一行重起这些针数，这些针数两侧内部相应部位缝上扣子。最后在前片内部相应部位缝上扣子。详细编织花样见花样J。

花样C(搓板针)

2行一花样

符号说明：

□　上针
□ =□　下针
回　镂空针
△　左上2针并1针
△　中上3针并1针
区　右上1针与
　　左下1针交叉

花样A
(裙摆的编织花样)

花样D

花样G
(小坎肩的叶子编织花样)

花样E

花样F
(假口袋的编织花样)

花样J
(裙子背带编织花样)

花样I

花样H
(小坎肩的背部编织花样)

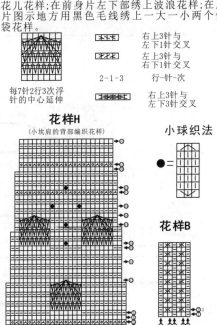

右上3针与
左下1针交叉

右上3针与
左下3针交叉

2-1-3　行-针-次

右上3针与
左下3针交叉

每7行2行3次浮
针的中心延伸

小球织法
●=

花样B

2行一花样

时尚公主套装

【成品规格】 衣长30cm，胸宽26cm，袖长3.6cm

【工　　具】 10号棒针及环形针

【编织密度】 10cm² =20.3针×33.3行

【材　　料】 淡粉色纯棉线600g

编织要点:

1.棒针编织法，由上衣和裙片组成，上衣的袖窿以下一片编织而成，袖窿以上分成左前片、右前片、后片各自编织，再进行肩部缝合。均从下往上编织起。

2.上衣的编织。袖窿以下一片编织而成，织片较大，用10号环形针编织。

(1)起针，下针起针法，起120针，编织花样A搓板针，不加减针，织4行的高度。

(2)袖窿以下的编织。第5行起，编织花样B中的花a，由10组花a分配织成，共织2层，织成20行，往上全织下针花样，不加减针，织至袖窿，共织成54行的织片高度。

(3)袖窿以上的编织。第55行起，分成左前片、右前片、后片各自编织，左前片与右前片的针数为30针，后片的针数为60针。先编织后片。

1.后片的编织。两侧同时减针，先平收3针，然后每织2行减1针，共减1次，当织片织成46行时，将织片中间的24针收针，两边反方向减针，每织2行减1针，减2次，两边肩部余下12针，收针断线。根据花样D蝴蝶结的图解，制作一只蝴蝶结，缝于后片中间位置。

2.前片的编织以右前片为例。针数为30针，左侧进行袖窿减针，平收3针，然后织2行减1针，减1次。衣襟同步减针，先是每织2行减1针，减5次，然后每织4行减1针，减9次，不加减针再织4行后，至肩部，余下12针，收针断线。相同的方法去编织左前片。

3.裙片的编织。织法简单，从裙摆起织，起168针，首尾连接，进行环织，根据花样C给出的图解，进行花样和减针编织变化后，织成100行的裙片高度，余下164针，收针断线。然后根据蝴蝶结的图解花样D，编织2只蝴蝶结，缝于上针三角花样的长边上。

4.袖片的编织。小短袖，袖片从袖口起织，下针起针法，起40针，编织花样E单桂花针，两边同时减针，每织2行减2针，减3次，每织2行减1针，减2次，不加减再织2行后，余下4针，收针断线。相同的方法去编织另一袖片。

5.拼接，两袖片的袖山边线与衣身的袖窿边对应缝合。

领襟制作说明

1.棒针编织法，单独编织，再将起织边与衣领和衣襟边进行缝合。

2.起针，起45针，花样F为一半领襟的图解，以此图解形成对称性的花样分配，由中间的三罗纹花样与两边的双罗纹花样组成，起针后，两边每织1行加4针，加9次，当织成4行时，在中间的双罗纹花样上，选7组进行加针。在2针之间加上1针，共加7针，即每隔10针加1针下针。加针后，织片两边继续加针编织，直至加成10行，在两边一次性起针20行，这部分编织上针与下针交替的方格花样，不加减针织成10行后，将这20针收针，织片余下70针，两边同时减针编织，每织4行减1针，织3次，织成12行的高度后，织片余下64针，收针断线。将起织边作缝合边，对应于衣身的领边和衣襟边，进行缝合。

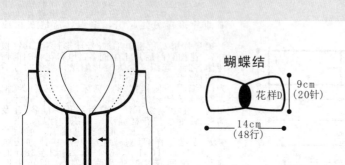

蝴蝶结

花样D　9cm（20针）
14cm（48行）

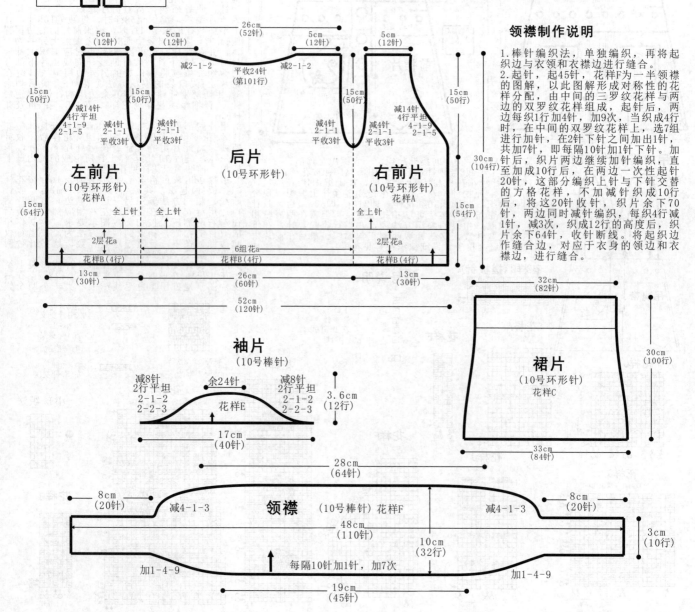

26cm（52针）
5cm（12针）　5cm（12针）　5cm（12针）　5cm（12针）
减2-1-2　平收24针（第101行）　减2-1-2
15cm（50行）　15cm（50行）　15cm（50行）　15cm（50行）
减14针 4行平坦 4-1-9 2-1-5　减4针 2-1-1 平收3针　减4针 2-1-1 平收3针　减4针 2-1-1 平收3针　减4针 2-1-1 平收3针　减14针 4行平坦 4-1-9 2-1-5
30cm（104行）

左前片（10号环形针）花样A　　**后片**（10号环形针）　　**右前片**（10号环形针）花样A

15cm（54行）　全上针　全上针　全上针　15cm（54行）
2层花a　6组花a　2层花a
花样B（4行）　花样B（4行）　花样B（4行）
13cm（30针）　26cm（60针）　13cm（30针）
52cm（120针）

袖片（10号棒针）
减8针 2行平坦 2-1-2 2-2-3　余24针　减8针 2行平坦 2-1-2 2-2-3　3.6cm（12行）
花样E
17cm（40针）

裙片（10号环形针）花样C
32cm（82针）
30cm（100行）
33cm（84针）

28cm（64针）

领襟　(10号棒针)花样F
8cm（20针）　减4-1-3　　减4-1-3　8cm（20针）
48cm（110针）　3cm（10行）
10cm（32行）
加1-4-9　每隔10针加1针，加7次　加1-4-9
19cm（45针）

180

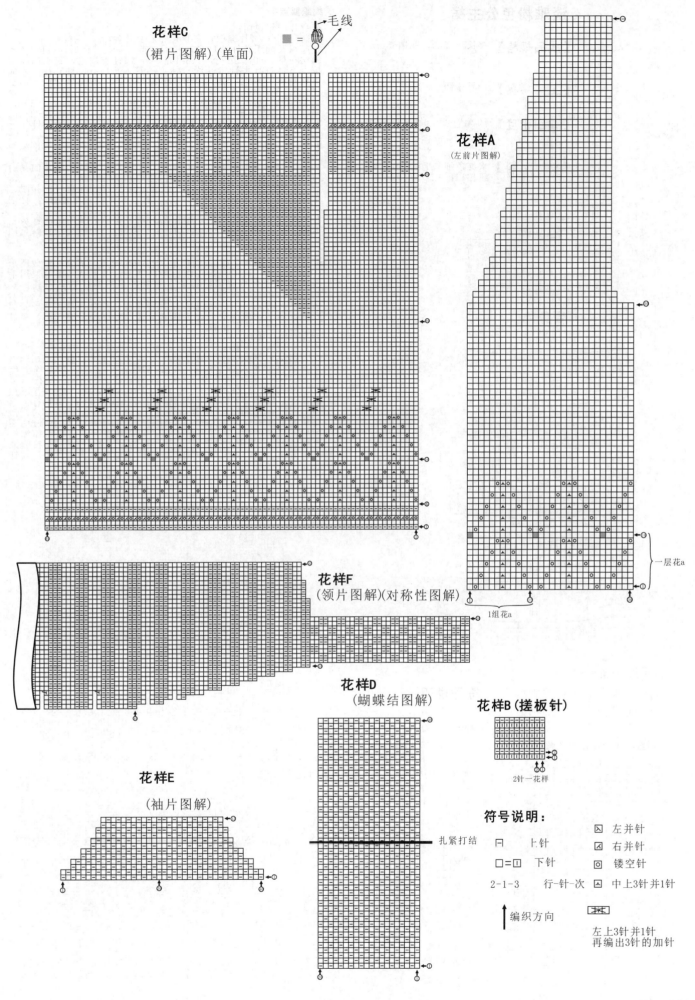

花样C
(裙片图解)(单面)

毛线

花样A
(左前片图解)

一层花a

1组花a

花样F
(领片图解)(对称性图解)

花样D
(蝴蝶结图解)

花样B(搓板针)

2针一花样

符号说明：

扎紧打结

花样E

(袖片图解)

2-1-3 行-针-次

编织方向

□ 上针

□=□ 下针

⊠ 左并针

⊠ 右并针

⊚ 镂空针

⚁ 中上3针并1针

左上3针并1针
再编出3针的加针

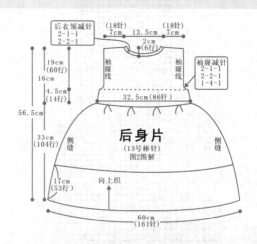

淡雅粉色公主裙

【成品规格】 衣长56.5cm，胸围65cm，肩宽27.5cm

【工　　具】 13号棒针

【编织密度】 10cm² =26.5针×31.5行

【材　　料】 水红色细羊毛线250g，纽扣14颗

编织要点：

前身片制作说明：
1. 前身片分为2片编织，左身片和右身片各1片，花样相同。
2. 起织及编织花样与后身片相同，前身片起83针后，按图1往上编织花样，10针1组花，共8组花，并加2针衣襟边，衣襟的编织按上下针每行每针错开织，往上一直编至17cm，即53行，完成下摆花样的编织；第54行起往上编织下针，不加减针往上编至103行，第104行将针数缩至86针，完成下裙摆33cm的编织；第105行不加减针往上编织上下针，按规律错开织，编织4.5cm，即14行；第119行开始袖窿减针，方法顺序为：1-3-1，2-2-1，2-1-1，后身片的袖窿减少针数为6针，减针后，不加减针往上编9.5cm的高度后，衣领侧减针，方法为：1-8-1，2-3-1，2-2-1，2-1-2，4-1-5，最后针数余下18针，收针断线。详细编织图解见图1。
3. 同样的方法再编织另一前身片，完成后，将两前身片的侧缝与后身片的侧缝对应缝合，再将两肩部对应缝合。最后在一侧前身片缝上扣子。不缝扣子的一侧，要制作相应数目的扣眼。扣眼的编织方法为：在当行收起1针，在下一行重起1针，这些针两侧应正常编织。
4. 沿着衣领边挑针起针，挑出的针数，要比衣领沿边的针数稍多些，按图3编织花样，编织4行后，第5行收针断线。详解见图3。
5. 两袖口用缝衣针缝1行辫子针，线需为织衣身的2倍粗。
6. 毛线球的制作：找1张硬纸板，将中间挖掉一部分，形成匚形（少挖点），取毛线缠在纸板的两横上，看差不多的时候用毛线在线团中央位置缠好系紧，系紧的毛线两头都须留长一点儿，因为还需制作另一头的毛线球，取下毛线团，用剪子将两头剪开，就成了1个毛线球，用梳子将线丝梳开，再用剪子修剪完满就成了。将两头毛线搓成麻花状，穿过领口的小洞，穿过另一头按同样的方法制作另一个毛线球。

后身片制作说明：
1. 后身片为一片编织，从衣摆起织，往上编织至肩部。
2. 衣服先编织后身片，起161针按图2往上编织花样，10针1组花，共16组花，一直编至17cm，即53行，完成下摆花样的编织；第54行起往上编织下针，不加减针往上编至103行，第104行将针数缩至86针，完成下裙摆33cm的编织；第105行不加减针往上编织上下针，按规律错开织，编织4.5cm，即14行；第119行开始袖窿减针，方法顺序为：1-4-1，2-2-1，2-1-1，后身片的袖窿减少针数为7针；减针后，不加减针往上编17cm的高度后，从织片的中间留30针不织，可以收针，亦可以留作编织衣领连接，可用防解别针锁住，两侧余下的针数，衣领侧减针，方法为：2-2-1，2-1-1，最后两侧的针数余下18针，收针断线。详解见图2。

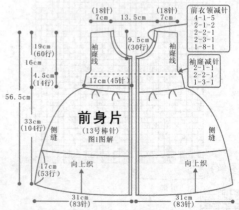

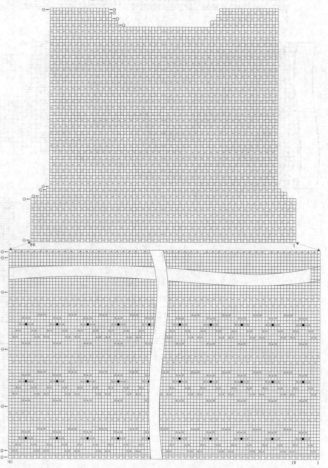

图2 后身片花样图解

图3 衣领花样图解

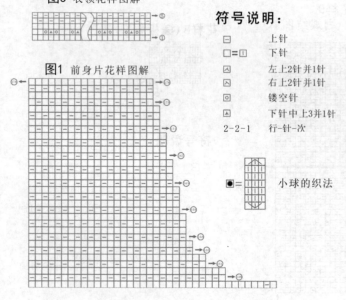

符号说明：

□	上针
□=回	下针
囚	左上2针并1针
囚	右上2针并1针
回	镂空针
圖	下针中上3并1针
2-2-1	行-针-次

■= 小球的织法

图1 前身片花样图解

简朴舒适半袖裙

【成品规格】衣长63cm，胸围76cm，袖长29.5cm，肩宽30cm

【工　　具】8号棒针

【编织密度】10cm² =14针×15行

【材　　料】马海毛650g，透明纽扣3颗

编织要点：

前身片制作说明：
1. 前身片衣摆起65针。
2. 第5行分散加7针至72针，第36行分散减针至54针。
3. 第51行开始留前门襟，以左前襟为例，将右边24针用防解别针穿起，待用。左侧的30针向上编织。
4. 第70行开始袖隆减针，减针方法：1-3-1，2-1-3。
5. 第92行开始前衣领减针，减针方法为：1-3-1，1-2-1，2-2-2，1-1-1，肩部余10针，收针断线。
6. 前面右边留的24针用棒针穿起织织至门襟位置时在内里挑起6针，方法同上。注意：门襟一边留扣眼，一边不留。
后身片制作说明：
1. 后身片衣摆起65针按图2图解编织4行。
2. 第5行分散加7针至72针，第36行分散减针至56针。
3. 第70行开始袖隆减针，减针方法：1-3-1，2-1-3。
4. 第95开始前衣领减针，减针方法为2-1-2，肩部余10针，收针断线。

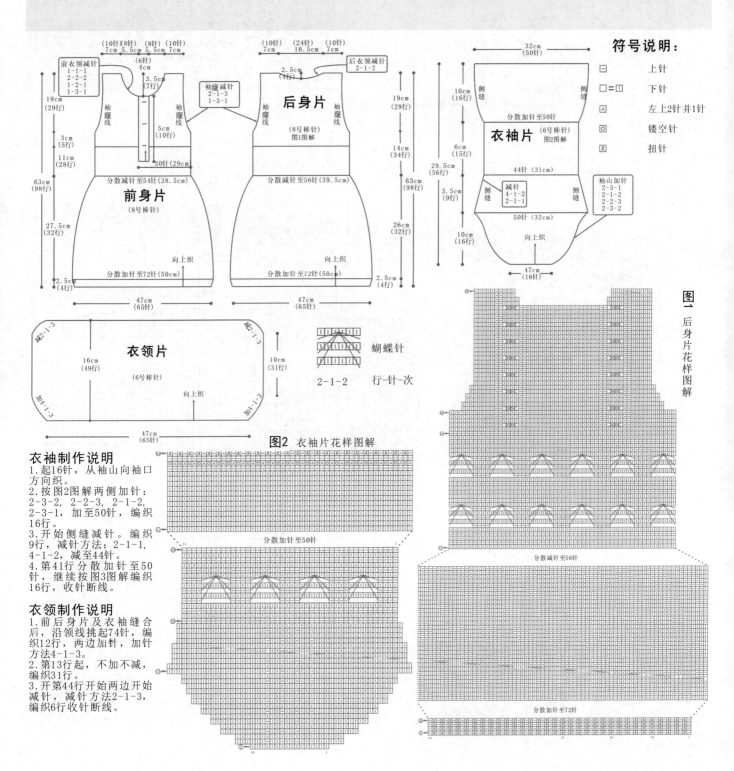

图2 衣袖片花样图解

图一 后身片花样图解

衣袖制作说明
1. 起16针，从袖山向袖口方向织。
2. 按图2图解两侧加针：2-3-2，2-2-3，2-1-2，2-3-1，加至50针，编织16行。
3. 开始侧缝减针。编织9行，减针方法：2-1-1，4-1-2，减至44针。
4. 第41行分散加针至50针，继续按图3图解编织16行，收针断线。

衣领制作说明
1. 前后身片及衣袖缝合后，沿领线挑起74针，编织12行，内边加针，加针方法4-1-3。
2. 第13行起，不加不减，编织31行。
3. 开第44行开始两边开始减针，减针方法2-1-3，编织6行收针断线。

符号说明：

符号	说明
□	上针
□=□	下针
⊠	左上2针并1针
⊚	镂空针
⊠	扭针

蝴蝶针
2-1-2 行-针-次

可爱拼接小短裙

【成品规格】 衣长42.5cm，胸围33cm，肩宽26cm，袖长27cm

【工 具】 8号棒针

【编织密度】 10cm² =17.5针×24行

【材 料】 花色及黑色兔毛450g，红色扣子3颗

编织要点：

后身片制作说明：
1.后身片为一片编织，从衣摆起织，往上编织至肩部。
2.衣服先编织后身片，起70针编织下针，一直编至74行，然后，第75行均匀减针7针，缩至63针，往上编至33cm，即80行，第81行开始袖窿减针，方法顺序为2-1-17，在袖窿减针的同时，在第82行减6针，缩至57针，一直编至112行；从织片的中间留15针不织，可以收针，亦可以留作编织衣领连接，可用防解别针锁住，两侧余下的针数，衣领侧减针，方法为1-1-3，最后两侧的针数余下1针，收针断线。
前身片制作说明：
1.前身片为一片编织，从衣摆起织，往上编织至肩部。
2.袖窿以下编织与后身片相同，第81行开始袖窿减针，方法顺序为2-1-17，在袖窿减针的同时，在第82行减6针，缩至57针，往上编至90行，从91行起分为2片编织，先编织右身片，编织右侧26针，其中4针为衣襟边，往上一直编至107行，第108行开始前衣领侧减针，留5针(左身片为6针)不织，可以收针，亦可以留作编织衣领连接，可用防解别针锁住，两侧余下的针数，减针方法为：1-1-1，1-2-1，2-1-3，最后两侧的针数余下1针，收针断线。织完右身片，同样方法编织左身片，注意左身片针数为余下的针数加衣襟针数，衣襟须在右身片衣襟处内侧挑针。
3.完成后，将前身片的侧缝与后身片的侧缝对应缝合，再将两肩部对应缝合。最后在一侧前身片缝上扣子。不缝扣子的一侧，要制作相应数目的扣眼，扣眼的编织方法为：在当行收起数针，在下一行重起这些针数，这些针两侧正常编织。

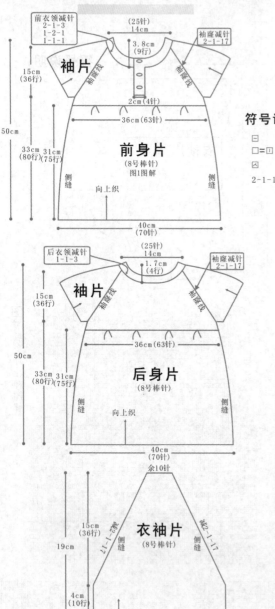

符号说明：

□ 上针
□=□ 下针
△ 左上2针并1针

2-1-17 行-针-次

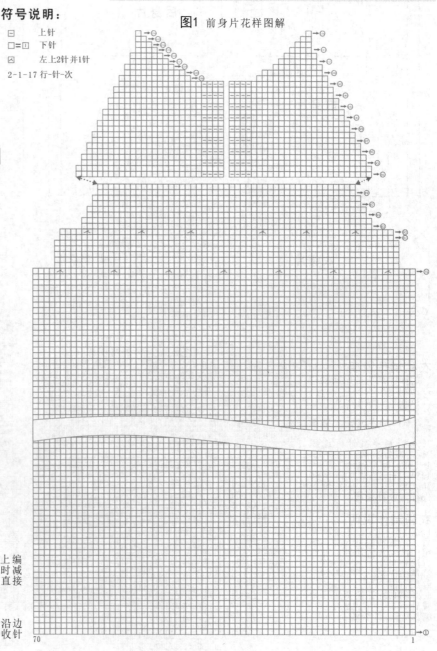

图1 前身片花样图解

衣袖片制作说明

1.两片衣袖片，分别单独编织。
2.从袖口起织，起44针编织下针，不加减针往上编织，在第6行编织2行上针，编至10行后，两侧同时减针编织，减针方法为2-1-17，一直减至余10针，直接收针后断线。
3.同样的方法再编织另一衣袖片。
4.将两袖片的袖山与衣身的袖窿线边对应缝合。
5.沿着衣领边挑针起织，挑出的针数，要比衣领沿边的针数稍多些，编织1行上1行下，共编织6行后，收针断线。

时尚运动装

【成品规格】 衣长42cm，胸围33cm，袖长42cm

【工　具】 12号棒针

【编织密度】 10cm² =26针×40行

【材　料】 绒线共400g(灰色100g，黑色300g)

编织要点：
1.前身片为一片编织，棒针编织法，黑色、灰色线搭配编织。
2.起织，单罗纹起针法，黑色线起织，用12号棒针起86针，编织单罗纹3.5cm高度14行，第15行开始编织下针，不加针不减针编织至20.5cm，第83行换灰色线编织6行，第89行换黑色线编织，编织至23cm时，袖窿下部分完成。
3.第93行开始减插肩，方法是在织片两边减针，顺序为平收4针，然后2-1-2，4-1-1重复8次，再2-1-2。
4.织片至27cm时在中间开前襟，方法是第109行开始将织片分成左、右前片两部分编织，中间不加减针，两边的插肩织法继续，第149行时减前领窝，方法是平收6针，然后2-3-1，2-2-1，2-1-2，最后肩部余下1针，收针断线。
5.前身片织好后按绣花图样用红色线十字绣方法绣字。
6.前片与后片的两肩部及侧缝对应缝合。

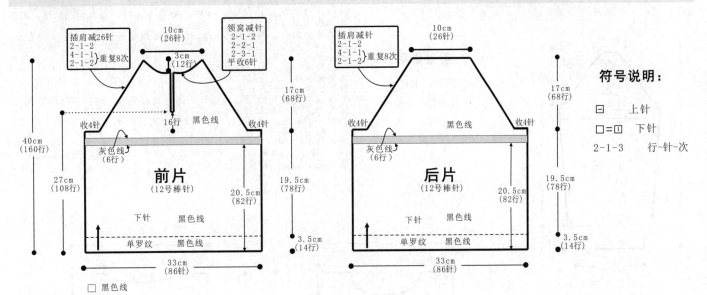

符号说明：

□ 上针

□=① 下针

2-1-3 行-针-次

□ 黑色线
▨ 灰色线

前片 (12号棒针) 下针 黑色线 单罗纹 黑色线

后片 (12号棒针) 下针 黑色线 单罗纹 黑色线

后片制作说明

1.后身片为一片编织，棒针编织法，黑色、灰色线搭配编织。
2.起织，单罗纹起针法，黑色线起织，用12号棒针起86针，编织单罗纹3.5cm高度14行，第15行开始编织下针，不加针不减针编织至20.5cm，第83行换灰色线编织6行，第89行换黑色线编织，编织至23cm时，袖窿下部分完成。
3.第93行开始减插肩，方法是在织片两边减针，顺序为平收4针，然后2-1-2，4-1-1重复8次，再2-1-2。编织至40cm，160行，余下针数26针，收针断线。
4.前片与后片的两肩部及侧缝对应缝合。

袖片制作说明

1.棒针编织法，编织2片袖片。从袖口起织。
2.用黑色线，单罗纹起针法，起48针，编织14行单罗纹针，第15行起改下针，并配色编织，配色顺序为黑色线6行，灰色线6行，交替往上编织。在织片的两侧同时加针，顺序为：22-1-1，6-1-7，4-1-7，两侧的针数各增加15针。
3.编织至92行时，针数为78针，接着换灰色线编织袖山，袖山用减针编织，两侧同时减针，方法为平收4针，然后2-1-30，两侧各减少30针，最后肩部余下18针，收针断线。
4.同样的方法再编织另一袖片。
5.缝合方法:将袖山对应的前片与后片插肩缝合，再将两袖侧缝对应缝合。

衣领制作说明

1.前后身片缝合好后挑针编织衣领。
2.按领圈挑针示意图沿着领窝边挑针，共挑出96针，门襟处开口，来回编织单罗纹针法2.5cm，10行，收针断线。
3.沿前门襟开口及衣领缝合拉锁。

领圈挑针示意图
后30针
右18针　左18针
后30针
15针　15针

前片绣花图样

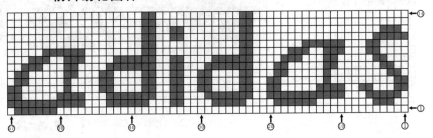

185

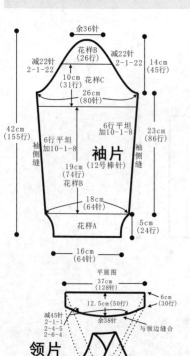

横纹雪花毛衣

【成品规格】衣长47cm, 胸宽36cm, 肩宽31cm, 袖长42cm, 下摆宽31cm

【工　　具】12号棒针

【编织密度】10cm² = 30针×38.5行

【材　　料】红色腈纶线250g, 白色和黑色各50g

编织要点:

1.棒针编织法,由前片1片、后片1片、袖片2片组成。从下往上织起。

2.前片的编织。一片织成。

(1)起针,单罗纹起针法,起108针,编织花样A单罗纹针,不加减针,织24行的高度。

(2)袖隆以下的编织。第25行起,依照花样B分配好花样,并按照花样B的图解一行行往上编织,织成74行的高度,下一行依照花样C进行配色图案编织,织12行时织至袖隆。织成110行的衣身。

(3)袖隆以上的编织。第111行时,两侧同时减针,减13针,每织2行减1针,共减13次,然后不加减针往上织,织成袖隆算起的41行时,进行领边减针,织片中间平收掉22针,然后两边每织2行减1针,共减10次,织成20行,至肩部,余下20针,收针断线。

3.后片的编织。单罗纹起针法,起108针,编织花样A双罗纹针,不加减针,织24行的高度。下一行起织至袖隆,织法和花样分配与前片完全相同,袖隆起减针,方法与前片相同。当袖隆以上织成67行时,下一行将中间的38针收掉,两边各减针,每织2行减1针,减2次,至肩部余下20针,收针断线。

4.袖片的编织。袖片从袖口起织,单罗纹起针法,起64针,分配成花样A单罗纹,不加减针,往上织24行的高度,第25行起,依照花样B分配花样去编织。两边袖侧缝进行加针,每织10行加1针,共加8次,织成80行,不加减再织6行至袖山。下一行起进行袖山减针,两边同时减针,减掉22针,每织2行减1针,共减22针,最后余下36针,收针断线。相同的方法去编织另一袖片。

5.拼接,将袖片的侧缝与后片的侧缝对应缝合,将前后片的肩部对应缝合;再将两袖片的袖山边线与衣身的袖隆边对应缝合。

6.领片的编织。单独编织后再缝上衣领边,单罗纹起针法,起128针,起织花样A单罗纹,不加减针织30行的高度,两边同时大辐度减针,每织2行减6针,减4次,然后每织2行减4针,减5次,最后织2行减1针,减1次,余下38针,收针断线。将领片依照结构图中虚线箭头所示的位置进行缝合。衣服完成。

符号说明:

日	上针
□=①	下针
2-1-3	行-针-次

↑ 编织方向

右上3针与左下3针交叉

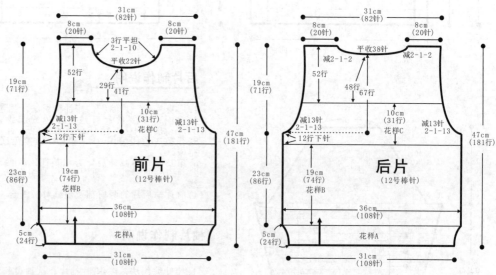

花样A(单罗纹)

2针一花样

花样B

1组花a

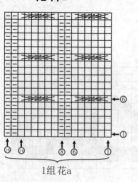

领片
(12号棒针)

花样C

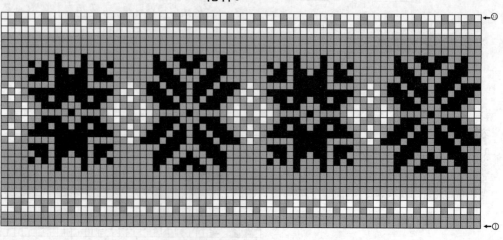

□ 白色线　　■ 红色线　　■ 黑色线

186

帅气高领毛衣

【成品规格】衣长46cm，半胸围32cm，肩宽26cm，袖长33cm

【工　　具】12号棒针

【编织密度】10cm =28针×40行

【材　　料】灰色棉线共450g，枣红色棉线少量

编织要点：
1. 棒针编织法，衣服分为前片、后片单独编织完成。
2. 先织后片，下针起针法，起98针起织，起织花样A搓板针，共织8行后，改织花样B、D组合编织，织片中间织2针下针，下针的两边各织一个花样D，共44行，余下两侧针数织花样B下针，一边织一边两侧减针，方法为20-1-4，织至108行，织片余下90针，两侧同时减针织成袖隆，各减8针，方法为：1-4-1，2-1-4，织至第118行，两侧不再加减针往上编织，织至第181行时，中间留取36针不织，用防解别针锁住，两端相反方向减针编织，各减少2针，方法为2-1-2，最后两肩部余下17针，收针断线。
3. 前片的编织，编织方法与后片相同，织至第161行，开始编织衣领，方法是中间留取12针不织，用防解别针锁住，两端相反方向减针编织，各减少14针，方法为：2-2-4，2-1-6，最后两肩部余下17针，收针断线。
5. 前片与后片的两侧缝对应缝合，两肩部对应缝合。

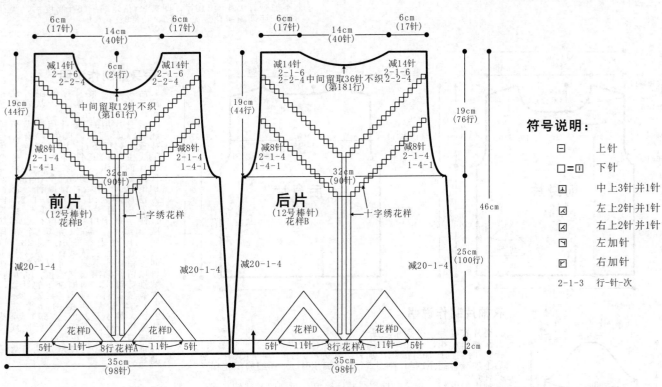

符号说明：

符号	说明
□	上针
□=回	下针
回	中上3针并1针
回	左上2针并1针
回	右上2针并1针
回	左加针
回	右加针

2-1-3　行-针-次

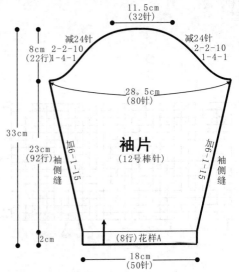

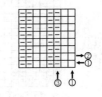

领片
(12号棒针)

领片制作说明
1. 棒针编织法，圈织。
2. 沿着前后衣领边挑针编织，织花样C，共织52行的高度，收针断线。

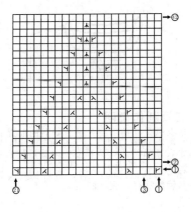

花样A
（搓板针）

花样B
（全下针）

花样D

花样C
（双罗纹针）

袖片制作说明
1. 棒针编织法，编织两片袖片。从袖口起织。
2. 起50针，起织花样A，织8行后，改织花样B，两侧同时加针，加6-1-15，织至100行，开始编织袖山，袖山减针编织，两侧同时减针，方法为：1-4-1，2-2-10，两侧各减少24针，最后织片余下32针，收针断线。
3. 同样的方法再编织另一袖片。
4. 缝合方法:将袖山对应前片与后片的袖隆线，用线缝合，再将两袖侧缝对应缝合。

横纹圆领毛衣

【成品规格】衣宽38cm，衣长48cm，袖长42cm

【工　　具】9号棒针

【编织密度】10cm² =35针×50行

【材　　料】蓝色宝宝棉线400g，浅蓝色少许

编织要点：

1.前身片为一片编织，从衣摆起织，一直编织至肩部。

2.前身片用9号棒针用浅蓝色毛线起134针起织，按花样A编织4行搓板针(1行下1行上)，再换蓝色毛线往上编织24行下针，完成一个花样的编织。往上按花样A反复换线编织。编织第2个花样时，编完4行搓板针及4行下针(即36行)后，第37行从右数编织第15针，开始按花样B配色花样编织字母图案，此字母花样为31针16行，往上编织16行完成此图案的编织。继续往上编织完5个花样，即140行后，开始袖隆减针，减针方法顺序为：1-6-1，2-1-2，4-1-2，前身片袖隆减少针数为10针，剩下114针，再往上不加减针编织。编织至第7个花样时，编完4行搓板针及4行下针(即176行)后，编织下一行(即177行)时从右数至剩47针，开始按花样C配色花样编织字母花样，此花样为29针9行，往上编织9行完成此图案的编织。继续往上编织至第8个花样时，往上编织8行(即204行)后，开始前衣领减针，从织片中间预留36针不织，可以收针，亦可以留作编织衣领连接，可用防解别针锁住，两侧余下的针数，衣领侧减针，方法为：2-2-3，2-1-3，4-1-2，最后两侧的针数余下28针，往上不加减针编织至240行，即共8个花样编织16行高度后，收针断线。详细编织花样见花样A、花样B及花样C。

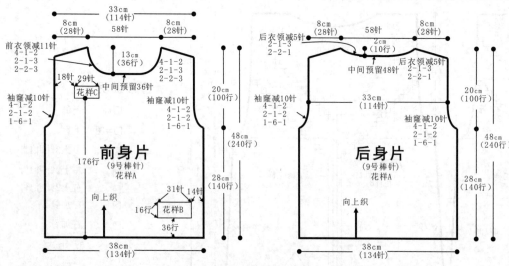

衣袖片制作说明

1.两片衣袖片，分别单独编织。

2.从袖口起织，起66针按花样A编织配色花样，往上重复编织花样A。两侧同时加针编织，加针方法为7-1-19，加至133行，然后不加减针织至145行(往上5个花样编织6行)，详细编织花样见花样A。

3.袖山的编织：从第一行起要减针编织，两侧同时减针，减针方法如图依次：1-6-1，2-1-27，1-1-5，最后余下28针，直接收针断线。

4.同样的方法再编织另一衣袖片。

5.将两袖片的袖山与衣身的袖隆线边对应缝合，再缝合袖片的侧缝。

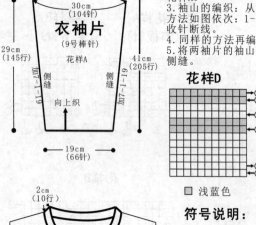

后身片制作说明

1.后身片与前身片编织方法相同，也为一片编织，从衣摆起织，一直编织至肩部。

2.后身片用9号棒针用浅蓝色毛线起134针起织，按花样A编织4行搓板针(1行下1行上)，再换蓝色毛线往上编织24行下针，完成1个花样的编织。往上按花样A反复换线编织。编织完5个花样，即140行后，开始袖隆减针，减针方法顺序为：1-6-1，2-1-2，4-1-2，后身片袖隆减少针数为10针，剩下114针，再往上不加减针编织。编织完第8个花样后，再往上编织6行(即230行)后，开始后衣领减针，从织片中间预留48针不织，可以收针，亦可以留作编织衣领连接，可用防解别针锁住，两侧余下的针数，衣领侧减针，方法为：2-2-1，2-1-3，最后两侧的针数余下28针，编织至240行，即共8个花样编织16行高度后，收针断线。详细编织花样见花样A。

3.将前后身片两侧缝及两肩对应缝合。

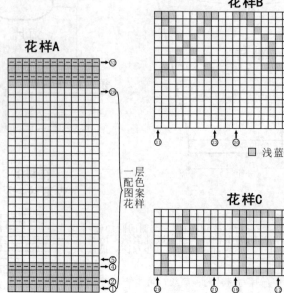

符号说明：

□　上针

□=1　下针

2-1-3
行-针-次

□ 浅蓝色

花样A

花样B

□ 浅蓝色

花样C

□ 浅蓝色

花样D

□ 浅蓝色

衣领制作说明

1.衣领是在前后身片缝合好后的前提后起织的。

2.沿着衣领边用蓝色毛线挑针起织，挑出的针数，要比衣领沿边的针数稍多些，然后按照花样D的配色花样编织，全部为下针，编织6行后，换浅蓝色线编织2行，再换回线编织2行，最后又换浅蓝色线编织2行后共编织20行，收针断线。

运动男孩套头毛衣

【成品规格】 衣长40cm，半胸围30cm，肩宽21.5cm，袖长30cm

【工　　具】 13号棒针

【编织密度】 10cm²=30针×38行

【材　　料】 灰色棉线300g，黑色棉线100g

编织要点：

1. 棒针编织法，衣身分为前片和后片分别编织而成。
2. 起织后片，双罗纹针起针法，黑色线起90针，起织花样A，织18行后，改为灰色线织花样B，织至68行，改织2行黑色线，2行灰色线，然后改织黑色线，织至84行，左右两侧同时减针织成袖窿，方法为：1-4-1，2-1-9，织至90行，改织2行灰色线，2行黑色线，然后全部改为灰色线编织，织至149行，织片中间留起28针不织，两侧减针成后领，方法为2-1-2，织至152行，两肩部各余下16针，收针断线。
3. 起织前片，前片编织方法与后片相同，织至132行，第133起，中间留起8针不织，两侧减针织成前领，方法为：2-2-4，2-1-4，织至152行，两肩部各余下16针，收针断线。
4. 在前片下摆用黑色线绣出"Football"及足球图案，前胸用灰色线绣出"Football"图案。
5. 前片与后片的两侧缝对应缝合，两肩部对应缝合。

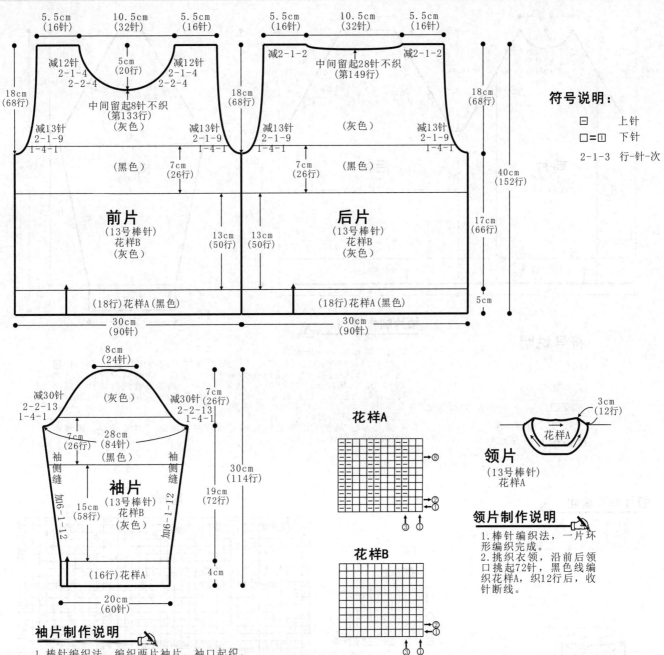

符号说明：

⊟	上针
□=⊡	下针
2-1-3	行-针-次

前片（13号棒针）花样B（灰色）

后片（13号棒针）花样B（灰色）

袖片（13号棒针）花样B（灰色）

花样A

花样B

领片（13号棒针）花样A

领片制作说明

1. 棒针编织法，一片环形编织完成。
2. 挑织衣领，沿前后领口挑起72针，黑色线编织花样A，织12行后，收针断线。

袖片制作说明

1. 棒针编织法，编织两片袖片。袖口起织。
2. 双罗纹针起针法，黑色线起60针，起织花样A，织16行后，改为灰色线编织花样B，一边织一边两侧加针，方法为6-1-12，织至74行，改织2行黑色线，2行灰色线，然后改织黑色线，织至88行，第89行起编织袖山，两侧同时减针，方法为1-4-1，2-2-13，两侧各减少30针，织至94行，改织2行灰色线，2行黑色，然后全部改为灰色线编织，织至114行，最后织片余下24针，收针断线。
3. 同样的方法再编织另一袖片。
4. 缝合方法：将袖山对应前片与后片的袖窿线，用线缝合，再将两袖侧缝对应缝合。

活力高领毛衣

【成品规格】 衣长40cm，宽29cm，肩连袖长44cm

【工　　具】 12号棒针

【编织密度】 10cm² =25针×28行

【材　　料】 黄色羊毛线500g

编织要点：

1. 棒针编织法，衣服分为前片、后片分别编织完成。
2. 先织后片，起73针起织，起织花样A，共织12行，第13行起改织花样B，每6针1组花样，共12组花样B，重复花样往上编织，织至68行，两侧开始同时减针织成插肩，减针方法为：1-4-1，2-1-22，两侧各减26针，共织114行，余下21针，用防解别针锁住，暂时不织。
3. 前身片的编织起73针起织，起织花样A，共织12行，第13行起开始分配花样，由花样C和花样D组成，先织16针花样C，中间织41针花样D，最后织16针花样C，重复花样往上编织，织至68行，两侧开始同时减针织成插肩，减针方法为：1-4-1，2-1-22，两侧各减26针，编织至107行，中间起5针不织，两侧同时减针织成前领，减针方法为2-2-4，两侧各减8针。共织114行，完成后将前后片的两侧缝对应缝合。

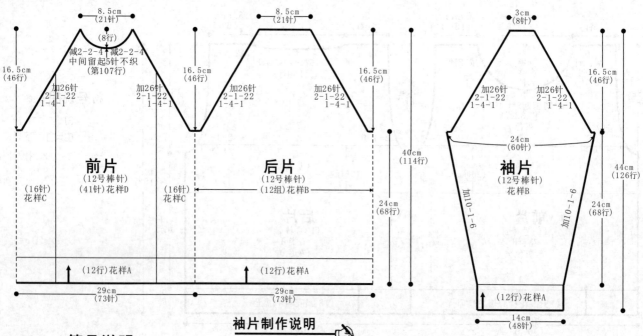

符号说明：

⊟	上针
□=◫	下针
▧▨	右上3针与左下3针交叉
2-1-3	行-针-次
▧▨▧	右上3针与左下3针交叉

袖片制作说明

1. 棒针编织法，一片编织完成。
2. 起织，起48针，起织花样A，织12行，第13行起改织花样B，每6针1组花样，共8组花样，重复花样往上编织，一边织一边两侧加针，方法为10-1-6，共加12针，织至80行，从第81行起，两侧需要同时减针织成插肩，减针方法为：1-4-1，2-1-22，两侧针数各减少26针，织至126行，余下8针，用防解别针锁住，留待编织衣领。
3. 同样的方法再编织另一只袖片。
4. 缝合方法：将袖片的插肩缝对应前后片的插肩缝，用线缝合，再将两袖侧缝对应缝合。

领片制作说明

1. 棒针编织法，圈织。
2. 沿着前后衣领边挑针编织，织花样A，共织36行的高度，收针断线。

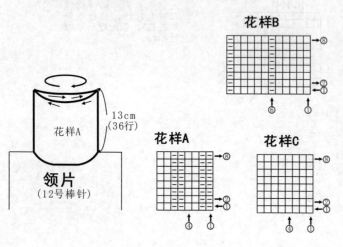

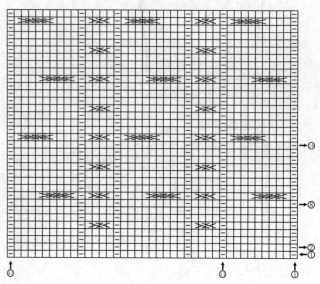

休闲运动装

【成品规格】 衣长50cm, 半胸围36cm, 肩连袖长50cm

【工　具】 13号棒针

【编织密度】 10cm² =28针×36行

【材　料】 蓝色棉线共400g, 灰色棉线50g, 红色棉线少量

编织要点:

1. 棒针编织法，衣身片分为前片和后片，分别编织，完成后与袖片缝合而成。

2. 起织后片，蓝色线起织，起96针，起织花样A，织14行，从第15行起，改织花样B，织至82行，第83行织片左右两侧各收6针，然后减针织成插肩袖窿，方法为2-1-27，织至136行，织片余下30针，用防解别针扣起，留待编织衣领。

3. 起织前片，蓝色线起织，起96针，起织花样A，织14行，从第15行起，改织花样B，织至82行，第83行左右两侧各收6针，然后减针织成插肩袖窿，方法为2-1-27，织至129行，中间留起12针不织，两侧减针织成前领，方法为2-2-4，织至136行，两侧各余下1针，用防解别针扣起，留待编织衣领。

4. 将前片与后片的侧缝缝合，前片及后片的插肩缝对应袖片的插肩缝缝合。

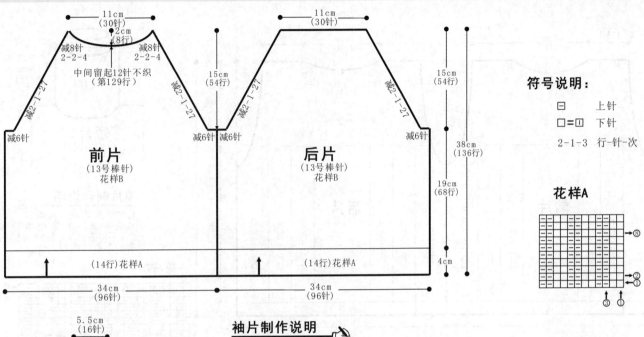

前片
(13号棒针)
花样B

后片
(13号棒针)
花样B

11cm(30针)　2cm(8针)　减8针2-2-4　中间留起12针不织(第129行)　减2-1-27　15cm(54行)　减6针

11cm(30针)　15cm(54行)　减2-1-27　38cm(136行)　19cm(68行)　减6针　4cm

(14行)花样A

34cm(96针)

符号说明:

𝟐	上针
□=𝟏	下针
2-1-3	行-针-次

花样A

花样B

袖片
(13号棒针)
花样B

5.5cm(16针)　减2-1-27　10cm(36行)(灰色)(红色)(红色)　29cm(82针)　减6针　加6-1-12　15cm(54行)　40cm(144行)　21cm(76行)　4cm　(14行)花样A　20.5cm(58针)

袖片制作说明

1. 棒针编织法，编织两片袖片。从袖口起织。

2. 双罗纹针起针法，蓝色线起58针，织花样A，织14行后，第15行起，改织花样B，一边织一边两侧加针，方法为6-1-12，织至90行，第91行起改为灰色线编织，两侧各收针6针，接着两侧减针编织插肩袖山。方法为2-1-27，织至144行，织片余下16针，收针断线。

3. 同样的方法，相反方向再编织另一袖片。

4. 将两袖侧缝对应缝合。

5. 袖山灰色部分各绣花2条5针的红色花块。

花样A

12cm(44行)

领片
(13号棒针)

领片制作说明

1. 棒针编织法，一片环形编织完成。

2. 挑织衣领，沿前后领口挑起92针，蓝色线编织花样A，织44行后，收针断线。

图案a ●白色线

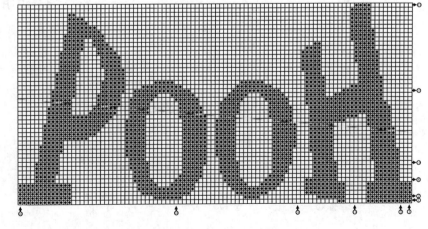

191

明丽高领毛衣

【成品规格】 衣长39cm, 宽33cm,
肩宽25cm, 袖长34cm

【工 具】 12号棒针

【编织密度】 10cm² =28针×28行

【材 料】 红色棉线共450g

编织要点:

1. 棒针编织法,衣服分为前片、后片来编织完成。
2. 先织后片,下针起针法,起92针起织,起织花样A,共织6行后,改织花样B、C、D组合,组合方法如图示,重复往上编织至78行,两侧同时减针织成袖窿,各减8针,方法为:1-4-1,4-2-2,织至第86行,将织片改织花样E,两侧不再加减针,织至第111行时,中间留取36针不织,用防解别针锁住,两端相反方向减针编织,各减少2针,方法为2-1-2,最后两肩部余下18针,收针断线。
3. 前片的编织,编织方法与后片相同,织至第105行,中间留取28针不织,用防解别针锁住,两端相反方向减针编织,各减少6针,方法为:2-2-2, 2-1-2,最后两肩部余下18针,收针断线。
4. 前片与后片的两侧缝对应缝合,两肩部对应缝合。

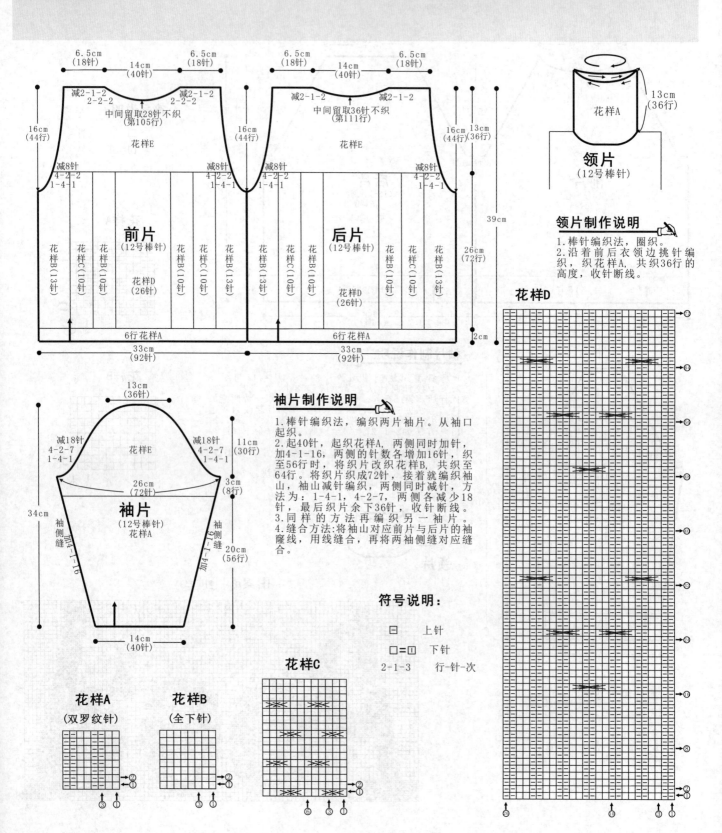

花样A
(双罗纹针)

花样B
(全下针)

花样C

领片
(12号棒针)

领片制作说明

1. 棒针编织法,圈织。
2. 沿着前后衣领边挑针编织,织花样A,共织36行的高度,收针断线。

花样D

袖片制作说明

1. 棒针编织法,编织两片袖片。从袖口起织。
2. 起40针,起织花样A,两侧同时加针,加4-1-16,两侧的针数各增加16针,织至56行时,将织片改织花样B,共织至64行。将织片成72针,接着就编织袖山,袖山减针编织,两侧同时减针,方法为:1-4-1, 4-2-7,两侧各减少18针,最后织片余下36针,收针断线。
3. 同样的方法再编织另一袖片。
4. 缝合方法:将袖山对应前片与后片的袖窿线,用线缝合,再将两袖侧缝对应缝合。

符号说明:

□ 上针

□=□ 下针

2-1-3 行-针-次

192

紫色扭花纹长袖装

【成品规格】 衣长42.5cm，肩宽26cm，袖长27cm，胸围33cm

【工　　具】 9号棒针

【编织密度】 10cm² =27针×30行

【材　　料】 红色中粗羊毛线400g

编织要点：

前身片制作说明：
1. 前身片和后身片同，也为一片编织，从衣摆起织，往上编织至肩部。
2. 领部以下编织方法同后身片，袖窿减针后，不加减针往上编8.8cm高度后，从织片的中间留20针不织，可以收针，亦可以留作编织衣领连接，可用防解别针锁住，两侧余下的针数，衣领侧减针，方法为：2-3-1，2-2-1，3-1-3，最后两侧的针数余下17针，收针断线。
3. 完成后，将前身片的侧缝与后身片的侧缝对应缝合。最后沿着衣领边挑针起针，挑出的针数，要比衣领沿边的针数稍多些，编织双罗纹，共编织10行后，收针断线。

后身片制作说明：
1. 后身片为一片编织，从衣摆起织，往上编织至肩部。
2. 衣服先编织后身片，起80针编织双罗纹，不加减针往上编织13行，第14行加针至90针，一直编织至27cm，即80行；然后，从第81行起开始袖窿减针，方法顺序为：1-4-1，2-3-1，2-2-1，2-1-1，后身片的袖窿减少针数为10针。减针后往上编13.5cm的高度后，从织片的中间留30针不织，可以收针，亦可以留作编织衣领连接，可用防解别针锁住，两侧余下的针数，衣领侧减针，方法为：2-2-1，2-1-1，最后两侧的针数余下17针，收针断线。

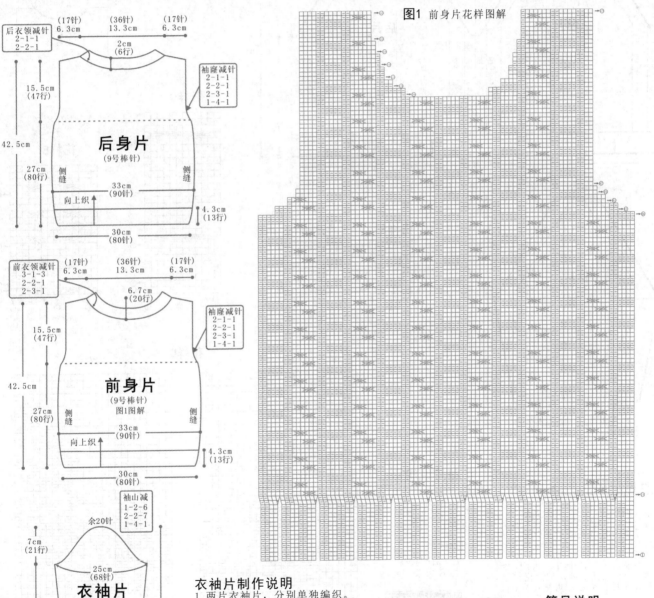

图1 前身片花样图解

后衣领减针
2-1-1
2-2-1

（17针）6.3cm　（36针）13.3cm　（17针）6.3cm

2cm（6行）

袖窿减针
2-1-1
2-2-1
2-3-1
1-4-1

15.5cm（47行）

后身片（9号棒针）

42.5cm

27cm（80行）　侧缝　侧缝

33cm（90针）

向上织

4.3cm（13行）

30cm（80针）

前衣领减针
3-1-3
2-2-1
2-3-1

（17针）6.3cm　（36针）13.3cm　（17针）6.3cm

6.7cm（20行）

袖窿减针
2-1-1
2-2-1
2-3-1
1-4-1

15.5cm（47行）

前身片（9号棒针）图1图解

42.5cm

27cm（80行）　侧缝　侧缝

33cm（90针）

向上织

4.3cm（13行）

30cm（80针）

袖山减
1-2-6
2-2-7
1-4-1

余20针

7cm（21行）

25cm（68针）

衣袖片（9号棒针）图3花样

27cm（80行）　侧缝　侧缝

34cm（101行）

加3-1-18　加3-1-18

向上织

4.7cm（14行）

12cm（32针）

衣袖片制作说明
1. 两片衣袖片，分别单独编织。
2. 从袖口起织，起32针编织双罗纹，不加减针织14行后，两侧同时加针编织，加针方法为3-1-18，加至68针，然后不加减针织至80行。
3. 袖山的编织从第1行起要减针编织，两侧同时减针，减针方法如图，依次：1-4-1，2-2-7，1-2-6，最后余下20针，直接收针断线。
4. 同样的方法再编织另一衣袖片。
5. 将两袖片的袖山与衣身的袖窿线边对应缝合，再缝合袖片的侧缝。

符号说明：

□　上针
□=□　下针
　左上2针交叉
　右上2针交叉
◎　镂空针
2-2-1　行-针-次

193

温暖大气毛衣

【成品规格】衣长40cm，宽35cm，肩连袖长42cm

【工　　具】12号棒针

【编织密度】10cm² =25针×31行

【材　　料】浅蓝色羊毛线500g

编织要点：

1.棒针编织法，衣服分为前片、后片分别编织完成。

2.先织后片，起88针起织，起织花样A，共织12行，第13行起将织片分配花样，由花样B、C与花样D间隔组成，见结构图所示，分配好花样针数后，重复花样往上编织，织至68行，两侧开始同时减针织成插肩，减针方法为：1-4-1，4-2-3，减针时两侧7针花样B不变，在第8针及倒数第8针的位置减针，两侧各减30针，共织56行，余下28针，用防解别针锁住，暂时不织。

3.前身片的编织方法与后身片相同。完成后将前后片的两侧缝对应缝合。

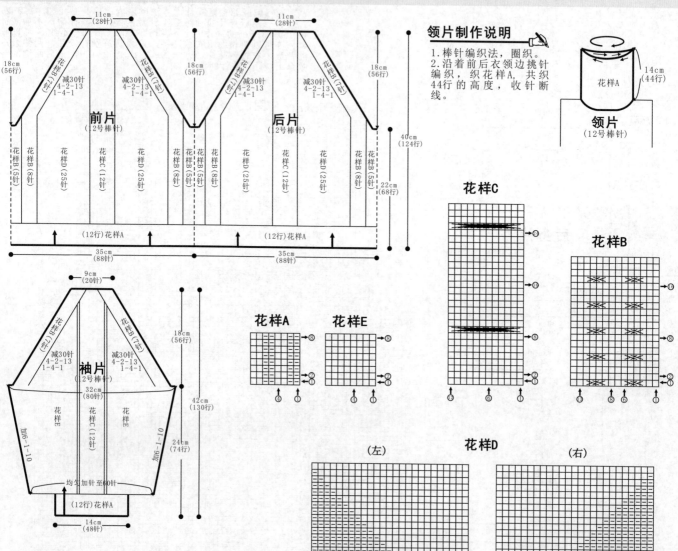

领片制作说明

1.棒针编织法，圈织。

2.沿着前后衣领边挑针编织，织花样A，共织44行的高度，收针断线。

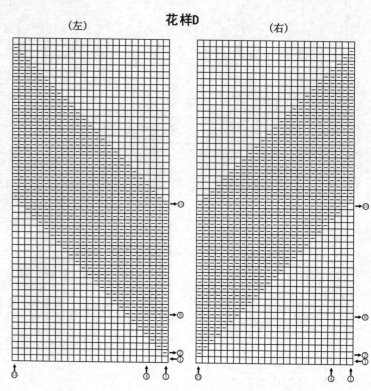

袖片制作说明

1.棒针编织法，一片编织完成。

2.起48针，起织花样A，织12行，第13行将织片均匀加针至60针，并将织片分配花样，由花样E与花样C间隔组成，如结构图所示，先织22针花样E，织2针上针，再织12针花样C，再织2针上针，22针花样E，分配好花样针数后，重复花样往上编织，一边织一边两侧加针，方法为6-1-10，共加20针，织至74行，从第75行起，两侧需要同时减针织成插肩，减针方法为：1-4-1，4-2-13，两侧针数各减少30针，织至130行，余下20针，用防解别针锁住，留待编织衣领。

3.同样的方法再编织另一袖片。

4.缝合方法:将袖片的插肩缝对应前后片的插肩缝，用线缝合，再将两袖侧缝对应缝合。

符号说明：

□　　　上针

□=□　　下针

▨▨　右上3针与左下3针交叉

▨▨▨　左上6针与右下6针交叉

2-1-3

行-针-次

方格高领毛衣

【成品规格】 衣长38cm，宽32cm，肩宽24.5cm，袖长36cm

【工　　具】 12号棒针

【编织密度】 10cm² = 30针×36行

【材　　料】 红色羊毛线共450g

编织要点：

1. 棒针编织法，衣服分为前片、后片来编织完成。
2. 先织后片，下针起针法，起96针起织，起织花样A，共织14行后，改织花样C全下针，重复往上编织至80行，两侧同时减针织成袖窿，各减针12针，方法为：1-4-1，4-2-4，减针后不加减针往上织至第135行，中间留取36针不织，用防解别针锁住，两端相反方向减针编织，各减少2针，方法为2-1-2，最后两肩部余下16针，收针断线。
3. 前片的编织，编织方法与后片相同，织至第121行，中间留取16针不织，用防解别针锁住，两端相反方向减针编织，各减少12针，方法为：2-2-4，2-1-4，最后两肩部余下16针，收针断线。
4. 前片与后片的两侧缝对应缝合，两肩部对应缝合。

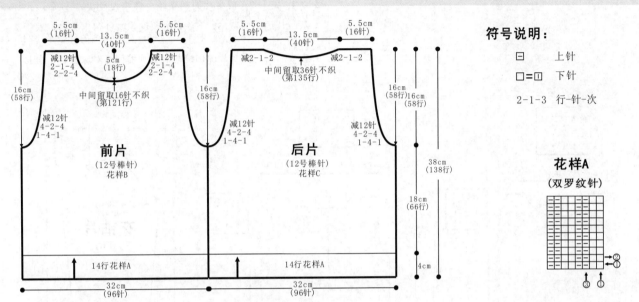

前片
(12号棒针)
花样B

后片
(12号棒针)
花样C

5.5cm (16针)　13.5cm (40针)　5.5cm (16针)

减12针 2-1-4 2-2-4

5cm (18行)　中间留取16针不织 (第121行)

减2-1-2　中间留取36针不织 (第135行)

16cm (58行)

减12针 4-2-4 1-4-1

16cm (58行)

38cm (138行)

18cm (66行)

4cm

14行花样A

32cm (96针)

袖片制作说明

1. 棒针编织法，编织两片袖片。从袖口起织。
2. 起44针，起织花样A，织14行后，第15行将织片均匀加针至58针，改织花样C，两侧同时加针，加6-1-13，两侧的针数各增加13针，织至94行时，将织片织成84针，接着就编织袖山，袖山减针编织，两侧同时减针，方法为：1-4-1，4-2-9，两侧各减少22针，最后织片余下40针，收针断线。
3. 同样的方法再编织另一袖片。
4. 缝合方法：将袖山对应前片与后片的袖窿线，用线缝合，再将两袖侧缝对应缝合。

袖片
(12号棒针)
花样C

13cm (40针)

减22针 4-2-9 1-4-1

10cm (36行)

28cm (84针)

加6-1-13 袖侧缝

36cm

22cm (80行)

均匀加针至58针

14行花样A

14cm (44针)

领片制作说明

1. 棒针编织法，圈织。
2. 沿着前后衣领边挑针编织，织花样A，共织50行的高度，收针断线。

领片
(12号棒针)

14cm (50行)

花样A

符号说明：

□　上针

□=1　下针

2-1-3　行-针-次

花样A
(双罗纹针)

花样B

花样C

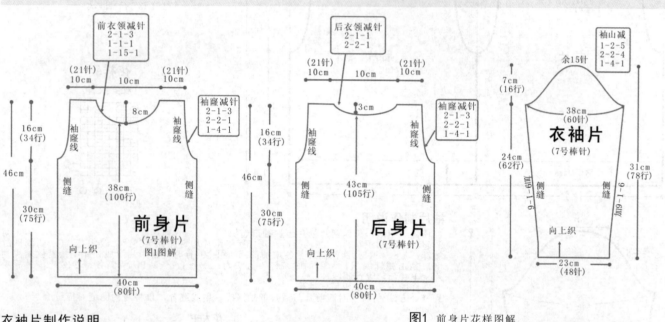

圆领扭花纹外套

【成品规格】 衣长46 cm，胸围80 cm，袖长31 cm，肩宽30 cm

【工　　具】 7号棒针，缝衣针

【编织密度】 10cm² =21针×25.5行

【材　　料】 浅灰色兔毛线400g

编织要点：

后身片制作说明：
1. 后身片为一片编织，从衣摆起双罗纹编织，往上编织至肩部。
2. 起80针编织后身片双罗纹针边，然后从第12行起编织花，共编织30cm后，即75行，从第76行开始袖窿减针，方法顺序为：1-4-1，2-2-1，2-1-3，后身片的袖窿减少针数为9针，减针后，不加减针往上编织至肩部。
3. 从织片的中间留19针不织，分线编织减针留出领口，衣领侧减针方法为：2-2-1，2-1-1，最后两侧的针数余下21针，收针断线。

前身片制作说明：
1. 前身片为一片编织，从衣摆起双罗纹针编织，往上编织至肩部。
2. 起80针编织前身片双罗纹边，然后从第12行起编织花，共编织30cm后，即75行，从第76行开始袖窿减针，方法顺序为：1-4-1，2-2-1，2-1-3，前身片的袖窿减少针数为9针。减针后，不加减针往上编织至肩部。
3. 从织片的中间留15针不织，分线编织减针留出领口，衣领侧减针方法为：1-15-1，1-1-1，2-1-3，最后两侧的针数余下21针，收针断线。
4. 完成后，将前身片的侧缝与后身片的侧缝对应缝合，再将两肩部对应缝合。

衣袖片制作说明

1. 2片衣袖片，分别单独编织。
2. 从袖口起织，起48针，不加减针织4行后，两侧同时加针编织，加针方法为9-1-6，加至64行。
3. 袖山的编织从第1行起要减针编织，两侧同时减针，减针方法如图，依次：1-4-1，2-2-4，1-2-5，最后余下15针，直接收针断线。
4. 同样的方法再编织另一衣袖片。
5. 将两袖片的袖山与衣身的袖窿线边对应缝合，再缝合袖片的侧缝。

衣领制作说明

1. 前后身片缝合好后沿着衣领边挑针起织。
2. 挑出的针数，要比衣领沿边的针数稍多些，共编织12行后，收针断线。

符号说明：

□　上针

□=① 下针

⬚⨉⬚ 2针相交叉，右2针在上

2-1-3　行-针-次

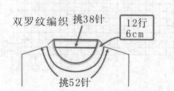

双罗纹编织　挑38针　｜12行｜6cm｜

挑52针

图1 前身片花样图解

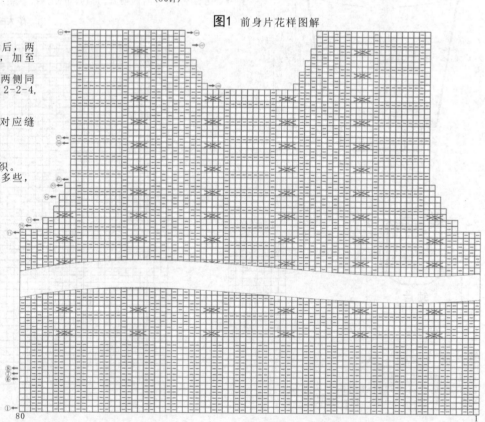

前衣领减针
2-1-3
1-1-1
1-15-1

(21针)10cm　10cm　(21针)10cm

8cm

袖窿减针
2-1-3
2-2-1
1-4-1

16cm(34行)

袖窿线

46cm

30cm(75行)

38cm(100行)

前身片
（7号棒针）
图1图解

向上织

40cm(80针)

后衣领减针
2-1-1
2-2-1

(21针)10cm　10cm　(21针)10cm

3cm

袖窿减针
2-1-3
2-2-1
1-4-1

16cm(34行)

袖窿线

46cm

30cm(75行)

43cm(105行)

后身片
（7号棒针）

向上织

40cm(80针)

袖山减
1-2-5
2-2-4
1-4-1

余15针

7cm(16行)

38cm(60针)

衣袖片
（7号棒针）

24cm(62行)

加9-1-6

31cm(78行)

23cm(48针)

向上织

196

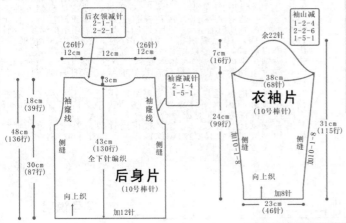

个性男生上衣

【成品规格】 衣长48cm，胸围42cm，袖长31cm，肩宽34cm

【工　　具】 10号棒针，缝衣针

【编织密度】 10cm²=26针×29行

【材　　料】 褐色羊毛线400g

编织要点：

前身片制作说明：

1.前身片为一片编织，从衣摆起双罗纹针编织，往上编织至肩部。

2.起98针编织前身片双罗纹边，然后从第17行起编织花样，共编织30cm后，即87行，从第88行开始袖窿减针，方法顺序为：1-6-1，2-1-4，前身片的袖窿减少针数为10针。减针后，不加减针往上编织至肩部。

3.从织片的中间40cm处，即第101行平收8针，分线编织20行后，减针留出领口，衣领侧减针方法为：1-4-1，1-2-3，2-1-4，最后两侧的针数余下26针，收针断线。

4.完成后，将两前身片的侧缝与后身片的侧缝对应缝合，再将两肩部对应缝合。

后身片制作说明：

1.后身片为一片编织，从衣摆起双罗纹编织，往上编织至肩部。

2.起98针编织后身片双罗纹边，然后从第17行起全下针编织，共编织30cm后，即87行，从第88行开始袖窿减针，方法顺序为：1-5-1，2-1-4，后身片的袖窿减少针数为9针。减针后，不加减针往上编织至肩部。

3.从织片的中间留23针不织，分线编织减针留出领口，衣领侧减针方法为：2-2-1，2-1-1，最后两侧的针数余下26针，收针断线。

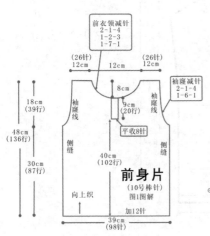

后衣领减针
2-1-1
2-2-1

袖山减

1-2-4
2-2-6
1-5-1

余22针

(26针) (26针)
12cm 12cm 12cm

3cm

袖窿减针
2-1-4
1-5-1

7cm
(16行)

38cm
(68针)

衣袖片
(10号棒针)

袖窿线 袖窿线

18cm
(39行)

24cm
(99行)

31cm
(115行)

加10-1-8

48cm
(136行)

43cm
(130行)
全下针编织

后身片
(10号棒针)

30cm
(87行)

侧缝 侧缝 侧缝 侧缝

向上织

加12针

39cm
(98针)

向上织

加8针

23cm
(46针)

符号说明：

□ 上针

□=□ 下针

2-1-4 行-针-次

前衣领减针
2-1-4
1-2-3
1-7-1

(26针) (26针)
12cm 12cm 12cm

8cm

袖窿减针
2-1-4
1-6-1

18cm
(39行)

9cm
(20行)

48cm
(136行)

袖窿线 袖窿线

平收8针

40cm
(102行)

前身片
(10号棒针)
图1图解

30cm
(87行)

侧缝 侧缝

向上织

加12针

39cm
(98针)

图1 前身片花样图解

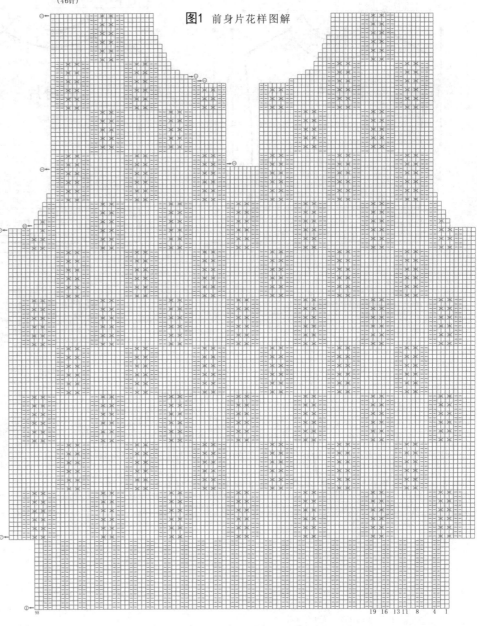

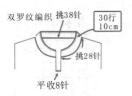

双罗纹编织 挑38针

30行
10cm

挑28针

平收8针

衣袖片制作说明

1.2片衣袖片，分别单独编织。

2.从袖口起织，起46针双罗纹边加8针后编织花样，然后两侧同时加针编织，加针方法为10-1-8，加至99行。

3.袖山的编织：从第1行起要减针编织，两侧同时减针，减针方法如图，依次：1-5-1，2-2-6，1-2-4，最后余下22针，直接收针断线。

4.同样的方法再编织另一衣袖片。

5.将两袖片的袖山与衣身的袖窿线边对应缝合，再缝合袖片的侧缝。

衣领制作说明

1.前后身片缝合好后先挑织门襟边，完成后再沿着门襟边挑针起织。

2.挑出的针数，要比衣领沿边的针数稍多些，共编织30行后，收针断线。

19 16 13 11 8 4 1

197

蓝色运动装

【成品规格】衣长41cm，衣宽36cm，袖长31cm

【工 　　具】9号棒针

【编织密度】10cm²=27针×39行

【材 　　料】宝蓝色中粗毛线共500g

编织要点：

前身片制作说明：
1. 前身片为一片编织，从衣摆起织，往上编织至肩部。
2. 用9号棒针起98针起织，先编织6行下针，使衣边自然卷曲，不加减针一直往上编织。按花样A（双罗纹）编织16行后，往上编织下针，编织60行后，往上按花样B花样均匀分布编织，4针18行一花样，往上编织3个花样及2行上针时，衣片中间留22针不织，可以收针，亦可以留作编织衣领连接，可用防解别针锁住，两侧余下的针数，衣领侧减针，方法为：2-2-4，2-1-2，最后两侧的针数余下28针，共162行后，收针断线。详细编织花样见花样A及花样B。

后身片制作说明：
1. 后身片也为一片编织，从衣摆起织，往上编织至肩部。
2. 用9号棒针起98针起织，先编织6行下针，使衣边自然卷曲，不加减针一直往上编织。按花样A（双罗纹）编织16行后，往上编织下针，编织60行后，往上按花样B花样均匀分布编织，4针18行一花样，往上编织4个花样及6行上针时，衣片中间留38针不织，可以收针，亦可以留作编织衣领连接，可用防解别针锁住，两侧余下的针数，衣领侧减针，方法为2-1-2，最后两侧的针数余下28针，共162行后，收针断线。详细编织花样见花样A及花样B。
3. 将前身片的侧缝与后身片的侧缝对应缝合，因为这件衣服袖隆不减针，因此侧缝缝合时，需留出袖隆17.5cm，即68行不缝合，再将两肩部对应缝合。
4. 沿着衣领边挑针起织衣领，挑出的针数，要比沿边的针数稍多些，按花样A（双罗纹）编织12行后，再往上编织4行下针，收针断线。

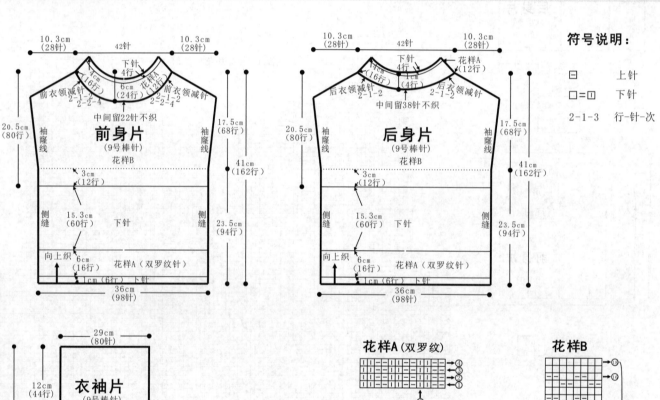

符号说明：

符号	说明
□	上针
□=□	下针
2-1-3	行-针-次

前身片（9号棒针）花样B
中间留22针不织
前衣领减针 2-2-4 2-1-2
下针 4行
10.3cm（28针）　42针　10.3cm（28针）
20.5cm（80行）　袖隆线
17.5cm（68行）
41cm（162行）
3cm（12行）
15.3cm（60行）　下针　侧缝
23.5cm（94行）
向上织　6cm（16行）　花样A（双罗纹针）
1cm（6行）　下针
36cm（98针）

后身片（9号棒针）花样B
中间留38针不织
后衣领减针 2-1-2
花样A（12行）
下针 4行 1cm（4行）
10.3cm（28针）　42针　10.3cm（28针）
20.5cm（80行）　袖隆线
17.5cm（68行）
41cm（162行）
3cm（12行）
15.3cm（60行）　下针　侧缝
23.5cm（94行）
向上织　6cm（16行）　花样A（双罗纹针）
1cm（6行）　下针
36cm（98针）

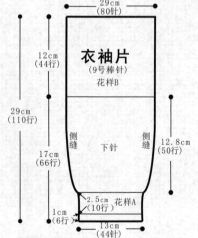

衣袖片（9号棒针）花样B
29cm（80针）
12cm（44行）
29cm（110行）
17cm（66行）　下针　侧缝
12.8cm（50行）
2.5cm（10行）花样A
1cm（6行）
13cm（44针）

衣袖片制作说明
1. 两片衣袖片，分别单独编织。
2. 从袖口起织，用9号棒针起44针起织，先编织6行下针，再按花样A（双罗纹）编织10行，完成袖口的编织。第17行将针数均匀加至80针，往上不加减针编织50行后，按花样B均匀分布花样编织，4针18行一花样，不加减针往上编织2个花样及8行后，收针断线。详细编织花样见花样A及花样B。
3. 同样的方法再编织另一衣袖片。
5. 将两袖片的袖山与衣身的袖隆线边对应缝合，再缝合袖片的侧缝。

花样A（双罗纹）
4针一花样

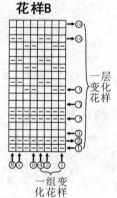

花样B
一层变化花样
一组变化花样

简约菱形花毛衣

【成品规格】 衣长40cm, 半胸围32cm, 插肩连袖长40cm

【工　　具】 12号棒针

【编织密度】 10cm²=30针×40行

【材　　料】 红色棉线共450g

编织要点:

1.棒针编织法,从上往下织,织至袖窿以下,分出2个衣袖,前后身片连起来编织完成。

2.衣领起织,单罗纹起针法,起100针,环形编织花样A,织12行,第13行起编织衣身。

3.将织片分为前片、左袖片、后片、右袖片四部分,针数分别为30+20+30+20针,织片接缝处为四条插肩缝,分配左右袖片及后片的70针到棒针上,首尾挑起前片各1针,织花样B,往返编织,一边织一边两侧挑织前片的针眼编织,方法为2-2-3,织6行后,第7行挑起前片中间的16针,环形编织,起织同时一边织一边在插肩缝两侧加针,加2-1-30,织至40行,第41行起,改织花样C,织至60行,织片变为336针,左右袖片各留起80针不织,将前片和后片连起来编织衣身。

4.分配前后片的针眼到棒针上,织花样B,先织前片86针,完成后加起8针,然后织后片86针,再加起8针,环形编织,不加减针往下编织56行的高度,改织花样C,织20行后,改织花样A,织16行,收针断线。

5.编织袖片,分配袖片的80针到棒针上,袖底挑衣身侧缝加起的8针环织,织花样B,一边织一边袖底缝对称减针,方法为8-1-10,织64行后,改织花样C,织20行后,改织花样A,不加减针织16行,收针断线。同样的方法编织另一袖片。

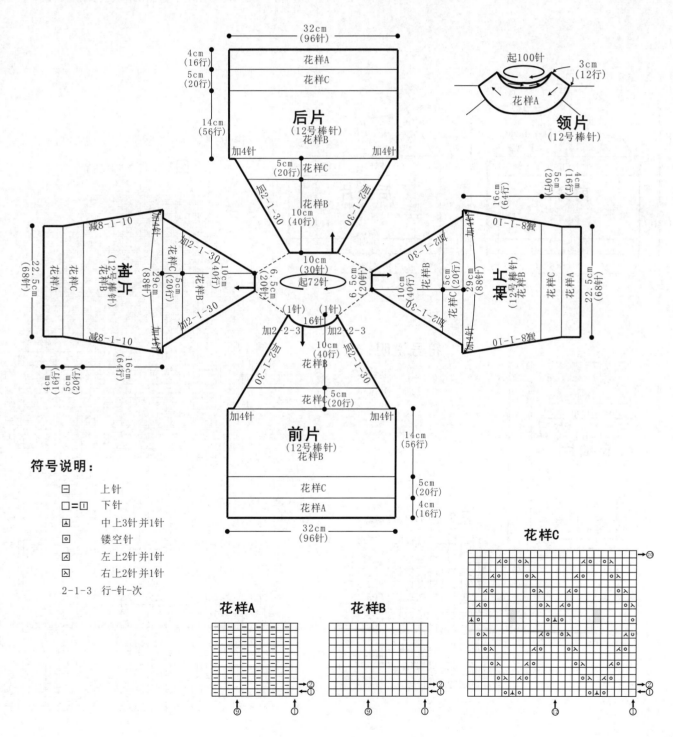

符号说明:

□　上针

□=Ⅰ　下针

Ⅰ　中上3针并1针

◎　镂空针

⊠　左上2针并1针

⊠　右上2针并1针

2-1-3　行-针-次

199

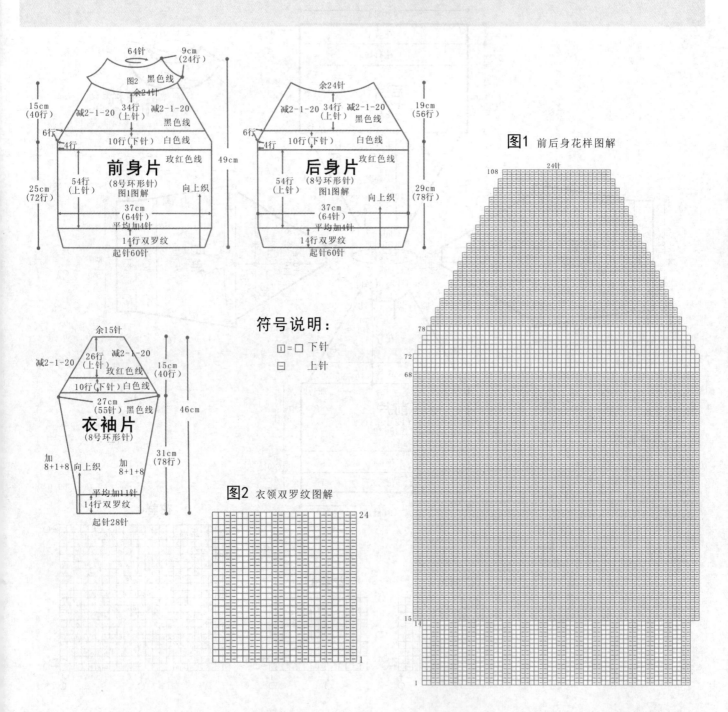

三色拼接毛衣

【成品规格】 身长49cm，插肩款，袖长46cm

【工　　　具】 8号环形针

【材　　　料】 双股玫红色兔毛线300g，
白色兔毛线50g，
黑色兔毛线150g

编织要点：

1.棒针编织法，插肩衣款，多色毛线配色，分为前身片1片、后身片1片、衣袖片2片编织。

2.先编织后身片，起60针起织双罗纹花样，共织14行，第15行时，平均隔15针的距离加1针，1行共加4针，将织片的针数加至64针继续往上编织，从17行开始至68行，全织上针花样，用玫红色毛线编织，69行至78行，用白色毛线编织上针，79行至108行，用黑色毛线编织，袖窿边的减针是织至73行时，两侧同时减针织，每2行减1针，每边各减20针，最后衣领边余下24针，直接收针断线。

3.编织前身片，前身片的织法和配色与后身片完全相同，按照后身片的编织方法编织前身片，详细编织方法见图1。

4.衣袖片的编织，起28针起织双罗纹花样，共织14行，第15行时，每隔2针的距离加1针，将织片的针数加至39针继续编织，两侧同时加针织，加针方法为8+1+8，将织片的针数加至55针，共完成78行，从79行开始，两侧同时减针织袖山，减针方法为2-1-20，共减40针，最后余下15针，直接收针断线。同样的方法再编织另一衣袖片。衣袖片的配色与针法为：第1行至82行用黑色线编织上针，83行至92行用白色线编织下针，第93行至收针用玫红色线编织上针。

5.缝合，将前后身片的侧缝对应缝合，将两衣袖片的袖山与前后身片的袖窿对应缝合。

6.衣领的编织，沿着缝合好的衣身衣领边，挑针起织双罗纹花样，1圈针数为64针，往返编织，共织24行后，以双罗纹收针法收针。

前身片

64针　9cm（24行）

图2　黑色线

余24针

15cm（40行）　减2-1-20（上针）　34行　黑色线

6行　4针　10行（下针）　白色线

前身片
(8号环形针)
图1图解

玫红色线

49cm

25cm（72行）　54行（上针）　向上织

37cm（64针）

平均加4针

14行双罗纹

起针60针

后身片

余24针

减2-1-20　34行（上针）　减2-1-20　黑色线

19cm（56行）

6行　4针　10行（下针）　白色线

后身片
(8号环形针)
图1图解

玫红色线

29cm（78行）　54行（上针）　向上织

37cm（64针）

平均加4针

14行双罗纹

起针60针

衣袖片

余15针

减2-1-20　26行（上针）　减2-1-20　玫红色线

15cm（40行）

10行（下针）　白色线

27cm（55针）黑色线

衣袖片
(8号环形针)

46cm

31cm（78行）

加8+1+8　向上织　加8+1+8

平均加11针

14行双罗纹

起针28针

符号说明：

☐ = ☐ 下针

☐　上针

图2 衣领双罗纹图解

24

1

图1 前后身花样图解

108　24针

78

72

68

15　14

1